JN234699

組織形成と拡散方程式

工学博士 齊藤 良行 著

コロナ社

「組織形成と拡散方程式」正誤表

---

p.52　下から 3 行目
[誤]　$\cdots$ の式が得られ，$\cdots$
[正]　$\cdots$ の式が得られる。ただし，$x = 2J_s \displaystyle\int_{l_c}^{l} dl/(a(l)n_0(l))$ である。$\cdots$

---

p.68　式 (3.121) 2 行目
[誤]　$+\cdots n(l, t)n(l - l', t)$　　　　[正]　$+\cdots n(l', t)n(l - l', t)$

---

p.69　式 (3.124) 2 行目
[誤]　$+\cdots \dfrac{n(l, t)n(l - l', t)}{n_0(l)n_0(l - l')}dl'$　　　　[正]　$+\cdots \dfrac{n(l', t)n(l - l', t)}{n_0(l')n_0(l - l')}dl'$

---

p.142　下から 9 行目，7 行目
[誤]　式 (A.58)　　　　[正]　式 (A.57)

---

p.145　式 (A.92)
[誤]　$\cdots = \displaystyle\lim_{n\to\infty} g\left(\dfrac{2[nt]+1}{2}\right) = g(t)$　　[正]　$\cdots = \displaystyle\lim_{n\to\infty} g\left(\dfrac{2[nt]+1}{2n}\right) = g(t)$

---

p.146　式 (A.99)
[誤]　$c(x, t) = \displaystyle\int_0^\infty E(x, y, t)f(y)dy - 2\int_0^\tau K(x, t-\tau)g(\tau)d$
[正]　$c(x, t) = \displaystyle\int_0^\infty N(x, y, t)f(y)dy - 2\int_0^\tau E(x, t-\tau)g(\tau)d\tau$

まえがき

　今日の高度情報化社会を支えるハイテク技術の鍵となっているのは，地道な材料開発であるといっても過言ではない．材料の諸特性は，ナノスケールなものから顕微鏡や肉眼で見えるマクロなものまで，大きさや形態のさまざまな組織によって左右される．本書は，このような組織の形成過程に関する基礎事項の習得を目的とした材料科学の入門書である．特に，固体中の原子の移動，すなわち拡散に支配される諸現象に関する基礎理論に重点を置いている．

　本書は五章から構成されるが，その中心となるのは組織形成の動力学に関する3章および4章の二章である．1章と2章は，これらの二章を理解するために必要な熱力学，材料組織学の知識と基本概念を得ることを目的としている．5章では応用例としてコンピュータシミュレーションを取り上げている．また，数理物理的な取扱いに関しては付録にまとめて示した．

　本書で取り扱っている内容は，広い意味での相変態に関するものである．1章は，相平衡と相変態に関する平衡熱力学に関する基礎事項を概説し，拡散に支配される組織形成の現象論的な側面について述べたものである．材料組織形成の現象論全般に関しては，この章の参考文献に示したような優れた教科書があるので，本書と併せて読むことをお勧めしたい．

　2章は，OnsagerやPrigogineらにより体系化された古典的非可逆過程の熱力学に関して，拡散現象に応用することに目的を限り，その内容を紹介したものである．この分野ではde GrootとMazurの本やPrigogineらの優れた教科書があるが，初学者にはハードルが高いように思われる．化学反応や電磁場，外部からの力学的作用を無視することにより，ずいぶん取扱いが簡単になったと思うが，読者の皆さんはどのように感じられるだろうか．

　3章では組織形成の初期段階における動力学，すなわち核形成と成長につい

ての基本事項を紹介しているが，特に核形成理論に関しては重点的に取り扱い，その本質に迫ろうとしている。古典的核形成理論の意義について述べた後，いくつかの問題点を指摘し，さらにそれらの問題点を解決しようとするさまざまな試みについても紹介している。核形成に関しては未解決な問題が数多く残されているので，読者の皆さんの挑戦を期待したい。

4章では組織形成後期過程における動力学，すなわち粗大化と界面移動の理論について詳しく述べるとともに，相変態の全体的な挙動を記述する方法についても一般的な方法を示している。さらにケーススタディとして，相変態曲線の解析と結晶粒成長モデルについて紹介している。

5章では組織形成のシミュレーションに関して，離散的なシミュレーションの例としてモンテカルロ法，連続体モデルに基づくシミュレーションの例としてフェーズフィールド法を取り上げ，それらの基礎と界面移動および相分離に関するシミュレーション例を紹介している。付録では，Fourierの方法による拡散方程式の解法など，数理物理的な話題を取り上げた。

本書の予備知識としては高等学校卒業程度の物理，数学を想定しているが，大学初年級の古典物理と微積分の知識があれば理解がより容易になるであろう。本書の各章をそれぞれ独立して読むのも可能であるが，基礎事項から勉強したほうが内容に関する理解が深まると思われるので，1章から順番に読むことをお勧めしたい。一部ではあるが，学部学生には難解と思われる部分もあるかもしれない。これは大学院レベルだと思って後回しにされたい。

1995年から現在まで早稲田大学理工学部，および同大学院理工学研究科で行っている材料組織形成学と材料組織形成学特論の講義ノートをもとに，拡散方程式の解法など数理物理に関する事項を追加し，本書の草稿とした。材料組織形成の動力学の重要性にいち早く注目され，著者にこれらの講義を行うように提案された南雲道彦教授に感謝申し上げる次第である。また講義を受講し，感想を寄せてくれた学生諸君にもお礼を申し上げる。

本書の執筆にあたり，多くの方々からご教示とご支援をいただいた。特に著者の所属する早稲田大学理工学部物質開発工学科の諸先生方にはさまざまなご

支援をいただいた．なかでも北田韶彦教授には本書の執筆を強くお勧めいただいたうえに，内容に関しても，著者の原稿の数理物理に関する部分のあいまいな点を指摘され，また拡散方程式の解の一意性に関して最大値原理を用いた証明法をご教示いただいた．それにもかかわらず不十分な点があるならば，著者の理解不足によるものである．北田先生は材料科学における諸問題についても卓見をお示しになったが，伊藤公久教授の自然認識にも示唆されることが大きかった．

原稿の作成にあたり，$\mathrm{L\!A\!T\!E\!X}$ 使用時の問題点の解消，原稿のミスの指摘など研究室の学生諸君の協力に感謝したい．出版に対してお手数をおかけしたコロナ社の各位にもお礼を申し上げる．

2000年3月

齊藤　良行

目　　　次

1.　組織形成の熱力学

1.1　相　平　衡 1
　1.1.1　平　衡　条　件 1
　1.1.2　Gibbs-Duhemの関係式 5
　1.1.3　Gibbsの相律 6
1.2　2元合金の熱力学 6
　1.2.1　混合Gibbs自由エネルギー 6
　1.2.2　混合エントロピー 7
　1.2.3　混合エンタルピー 8
　1.2.4　正則溶体モデルによる2元合金のGibbsの自由エネルギー 9
1.3　拡　散　現　象 10
　1.3.1　拡散の機構 10
　1.3.2　巨視的拡散 11
　1.3.3　熱活性化過程と拡散 14
　1.3.4　拡散の熱力学 16
1.4　相分離の熱力学 18
　1.4.1　核形成・成長とスピノーダル分解 18
　1.4.2　核形成の駆動力 20
章　末　問　題 22
引用・参考文献 23

2.　拡散方程式の熱力学的基礎

2.1　非平衡熱力学の基礎 24
　2.1.1　保存方程式 24
　2.1.2　エントロピー釣合い 27
　2.1.3　局　所　平　衡 28

2.1.4　エントロピー生成とエントロピー流 29
2.2　線形熱力学 31
2.3　拡散方程式の導出 35
章末問題 37
引用・参考文献 38

3.　組織形成の動力学と拡散

3.1　古典的核形成理論とその発展 39
　　3.1.1　液滴モデル 40
　　3.1.2　Becker-Döring モデル 44
3.2　拡散律速成長 53
3.3　連続体モデル 56
　　3.3.1　不均一系の自由エネルギー 57
　　3.3.2　粗視化 58
　　3.3.3　連続体モデルによる核形成過程の取扱い 61
　　3.3.4　Cahn-Hilliard 方程式 66
3.4　クラスタダイナミックス 68
3.5　核形成の一般理論 72
章末問題 74
引用・参考文献 75

4.　相分離後期課程の組織形成と拡散

4.1　析出物の粗大化 76
4.2　界面移動 84
4.3　相変態の動力学 90
4.4　ケーススタディ1. 変態曲線の解析 93
4.5　ケーススタディ2. 結晶粒成長 96
章末問題 99
引用・参考文献 99

5. 組織形成のコンピュータシミュレーション

- 5.1 計算材料科学概観 102
- 5.2 モンテカルロ法による組織形成過程予測の基礎 103
  - 5.2.1 モンテカルロ法の基礎 104
  - 5.2.2 モンテカルロ法のマスター方程式とCahn-Hilliard方程式との関係 ... 108
- 5.3 フェーズフィールド法 111
- 5.4 相分離のコンピュータシミュレーション 112
  - 5.4.1 モンテカルロ法によるシミュレーション 112
  - 5.4.2 Cahn-Hilliard方程式による相分離挙動の予測 115
- 5.5 結晶粒成長のシミュレーション 119
  - 5.5.1 モンテカルロ法による結晶粒成長の予測 119
  - 5.5.2 フェーズフィールド法による結晶粒成長のシミュレーション ... 125
- 章末問題 127
- 引用・参考文献 127

付録A. 拡散方程式の解法

- A.1 Fourierの方法 129
- A.2 Fourierの方法による拡散方程式の解法 132
  - A.2.1 形式解 132
  - A.2.2 解の存在 133
  - A.2.3 解の一意性 135
- A.3 Fourier変換 136
- A.4 Fourier変換法による拡散方程式の解法 137
  - A.4.1 拡散方程式の初期値問題 137
  - A.4.2 初期値・境界値問題 142
- A.5 補足 146
  - A.5.1 両端が一定濃度に保たれた有限の長さの棒における拡散 146
  - A.5.2 球の内部での物質拡散 148
  - A.5.3 Boltzmann変換 148

付録B.　　Gauss積分に関するいろいろな公式

B.1　　$f(x) = e^{-\alpha y^2}$, $\alpha > 0$ のFourier変換 *150*

B.2　　多変数関数のGauss積分 *151*

付録C.　　鞍　部　点　法

付録D.　　変　分　法

付録E.　　微分方程式の固有値問題

章末問題の解答 *163*

索　　　引 *167*

1 組織形成の熱力学

多くの場合，組織形成はある平衡状態から新しい平衡状態への過渡的な遷移現象であり，非平衡状態で物事は進行する．しかしながら，本書でこれから述べようとする拡散支配の，広い意味での相変態と呼ばれる現象は，平衡熱力学の延長線上にある古典的非平衡熱力学の適用範囲内に入っていると筆者は考えている．

古典的非平衡熱力学の重要な概念である局所平衡の仮定は，系全体では平衡状態にはないが，小さな部分を見ると平衡熱力学の関係式が使えることを前提としている．このように平衡熱力学は組織形成において重要な役割を担っている．

本章では，まず平衡熱力学の基本事項，特に熱力学関数，平衡条件，相律，Gibbs-Duhem の関係などを復習する．2元合金の熱力学について簡単なモデルを紹介した後，熱力学的な観点もまじえて直感的に拡散現象を説明する．最後に相分離の機構について平衡熱力学の立場から検討する．

1.1 相平衡

1.1.1 平衡条件

熱力学第1法則 (the first law of thermodynamics) によれば，温度 T，圧力 p が一定の状態の物質の内部エネルギー (internal energy) U の変化は，外から与えられた熱量 dQ とその物質になされた仕事 $-pdV$ の和に等しい．

$$dU = dQ - pdV \tag{1.1}$$

また熱力学第2法則 (the second law of thermodynamics) によれば，温度 T

において熱量dQが与えられたときのエントロピー(entropy)変化dSは，つぎの条件を満たす必要がある．

$$dS \geqq \frac{dQ}{T} \tag{1.2}$$

ここで等号は可逆変化(reversible process)，不等号は不可逆変化(irreversible process)を示す．等温，等圧でのGibbsの自由エネルギー(Gibbs free energy) $dG = U + pV - TS$の変化は以下のように書ける．

$$dG_{T,p} = dU + pdV - TdS = dQ - TdS \leqq 0 \tag{1.3}$$

以上のことから状態変化はGibbsの自由エネルギーの減少する方向に限られ，平衡状態(equilibrium state)では自由エネルギーが極小値をとることがわかる．

$$dG_{T,p} = 0 \tag{1.4}$$

ここで簡単のため，N_A個のA原子と$N_B = N - N_A$個のB原子を持つA-B 2元合金(binary alloy)を考える．B原子の濃度を$X_B = N_B/N$とし，A原子の濃度を$X_A = N_A/N = 1 - X_B$とする．温度T，圧力pが一定の条件で，この合金中でα相とβ相の2相が共存しているとして，2相平衡条件を求める．もしdN_i $(i = A, B)$個の成分iの原子がこの系に加えられたとすると，Gの変化は以下のように記述できる．

$$dG = Vdp - SdT + \sum \mu_i dN_i = 0 \tag{1.5}$$

ここで成分i $(i = A, B)$の化学ポテンシャル(chemical potential) μ_iを以下のように定義する[†]．

$$\mu_i \equiv \left(\frac{\partial G}{\partial N_i}\right)_{T,p,N_j \neq N_i} \tag{1.6}$$

平衡条件(1.4)は以下の式で記述できる．

$$\sum_{i=A,B} \mu_i dN_i = 0 \tag{1.7}$$

この系のGibbsの自由エネルギーの変化dGは，二つの相の自由エネルギー

[†] $(\partial u/\partial x)_{y,z}$は$y, z$を固定したときの$u(x, y, z)$の$x$に関する偏微分を表す．

の変化dG^αとdG^βの和で与えられる。

$$dG = dG^\alpha + dG^\beta$$
$$= \sum_{i=A,B}(\mu_i^\alpha dN_i^\alpha + \mu_i^\beta dN_i^\beta) = 0 \qquad (1.8)$$

原子の総数は一定であるから $dN_A^\alpha = -dN_A^\beta$, $dN_B^\alpha = -dN_B^\beta$ となり，平衡条件(1.7)は以下のように書き換えられる．

$$(\mu_A^\alpha - \mu_A^\beta)dN_A + (\mu_B^\alpha - \mu_B^\beta)dN_B = 0 \qquad (1.9)$$

以上のことから，平衡条件は以下のように表せる．

$$\mu_A^\alpha = \mu_A^\beta, \quad \mu_B^\alpha = \mu_B^\beta \qquad (1.10)$$

または

$$\left(\frac{\partial G^\alpha}{\partial N_A}\right)_{T,p,N_B} = \left(\frac{\partial G^\beta}{\partial N_A}\right)_{T,p,N_B} \qquad (1.11)$$

$$\left(\frac{\partial G^\alpha}{\partial N_B}\right)_{T,p,N_A} = \left(\frac{\partial G^\beta}{\partial N_B}\right)_{T,p,N_A} \qquad (1.12)$$

平衡状態においては二つの相の成分i $(i = A, B)$の化学ポテンシャルμ_iはそれぞれ等しい．

化学ポテンシャルμ_i $(i = A, B)$を濃度の関数X_A, X_Bとして表すことを考える．自由エネルギーは示量変数(extensive variable)であるから，X_AモルのA原子とX_BモルのB原子からなるα相の自由エネルギーを$G^\alpha(X_A, X_B)$とすれば，NX_AモルのA原子とNX_BモルのB原子からなるα相の自由エネルギーは$NG^\alpha(X_A, X_B)$である．$N = N_A + N_B$とすると

$$G^\alpha(NX_A, NX_B) = (N_A + N_B)G^\alpha(X_A, X_B)$$
$$= (N_A + N_B)G^\alpha(1 - X_B, X_B) \qquad (1.13)$$

両辺をN_Aで微分すると

$$\mu_A^\alpha = \left(\frac{\partial G}{\partial N_A}\right)_{T,p,N_B}$$

$$= G^\alpha(1-X_B, X_B) + (N_A+N_B)\left(\frac{\partial G}{\partial X_B}\right)_{T,p}\left(\frac{\partial X_B}{\partial N_A}\right)_{N_B}$$
$$= G^\alpha(1-X_B, X_B) - X_B\left(\frac{\partial G}{\partial X_B}\right)_{T,p} \tag{1.14}$$

が得られ，同じように μ_B^α が以下のように求められる．

$$\mu_B^\alpha = G^\alpha(1-X_B, X_B) + (1-X_B)\left(\frac{\partial G}{\partial X_B}\right)_{T,p} \tag{1.15}$$

図 1.1 は自由エネルギー G^α と B 原子の濃度との関係を示した自由エネルギー・組成曲線である．この曲線の組成 X_B における接線と y 軸との $X_B=0$ での交点が μ_A であり，$X_B=1$ での交点が μ_B となることは**図 1.1** より明らかである．

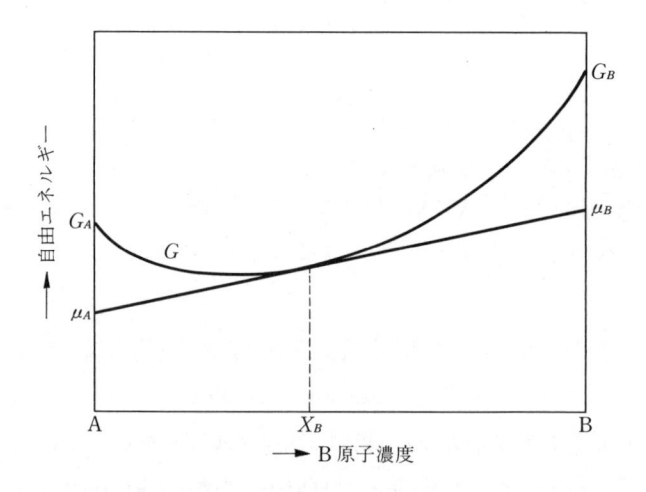

図 1.1 Gibbs の自由エネルギー・組成曲線と
化学ポテンシャルとの関係

α 相と β 相の平衡について考える．**図 1.2** は 2 相共存域 (coexistence region) における G^α, G^β と B 原子濃度との自由エネルギー・組成曲線である．両曲線への共通接線 (common tangent) を引くと平衡条件 (1.10) を満足していることが**図 1.2** よりわかる．X_B^α および X_B^β はそれぞれ α 相と β 相の平衡組成である．

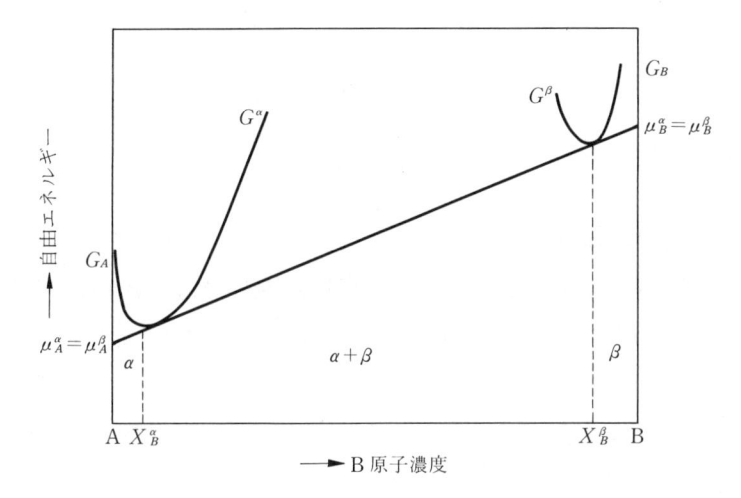

図 1.2 A-B 2元素での α-β 2相共存域における Gibbs の自由エネルギー・組成曲線と平衡条件 (X_B^α と X_B^β はそれぞれ α 相と β 相の平衡組成)

1.1.2 Gibbs-Duhem の関係式

N 元系を考える。Gibbs の自由エネルギー G は，示量変数である原子数 $N_1, N_2, \ldots, N_N$ の1次関数であるから，各原子の数が k 倍になったときには G の値も k 倍になる。

$$G(T, p, kN_1, \ldots, kN_N) = kG(T, p, N_1, \ldots, N_N) \tag{1.16}$$

式 (1.16) を k で偏微分すると

$$\sum_{j=1}^{N} \frac{\partial G(T, p, kN_1, \ldots, kN_N)}{\partial(kN_j)} N_j = G(T, p, N_1, \ldots, N_N) \tag{1.17}$$

となり，$k=1$ とおくと以下の式が得られる。

$$G = \sum_{j=1}^{N} \left(\frac{\partial G}{\partial N_j} \right)_{T, p, N_{j'} \neq N_j} N_j = \sum_{j=1}^{N} \mu_j N_j \tag{1.18}$$

式 (1.18) を式 (1.5) に代入することにより，Gibbs-Duhem の関係式を得る。

$$SdT - Vdp + \sum_{j=1}^{N} d\mu_j N_j = 0 \tag{1.19}$$

Gibbs-Duhemの関係式は，示強変数(intensive variable)(温度，圧力，化学ポテンシャル)の変化分の関係を与えるものである．重要なことはGibbs-Duhemの関係(Gibbs-Duhem relation)式はGibbsの自由エネルギーの示量性の帰結である，ということである．

1.1.3 Gibbsの相律

平衡状態にある多相合金では限られた相しか存在できない．平衡条件に拘束されて，系の状態を記述する示強変数の数(これを自由度 f と定義する)に制限があるためである．Gibbsは構成成分の数 C，相の数 P と自由度 f との関係が以下の式で表されることを示した．これを Gibbs の相律(Gibbs phase rule)という．

$$f = C - P + 2 \tag{1.20}$$

この式は以下のようにして導出する．化学ポテンシャルを決める独立変数は，温度 T，圧力 p および各相における濃度である．各相の組成は $(C-1)$ 個の示強変数で記述されるので，平衡に存在する相の数は P 個であるから，全体では $P(C-1)$ 個の組成に関する独立変数があり，温度，圧力と合わせて $P(C-1)+2$ 個の独立変数がある．各成分について P 相間の平衡条件式は $(P-1)$ 個あるので，合計で $C(P-1)$ 個の相平衡の条件式が成り立つ．ゆえに，独立変数の数は

$$f = P(C-1) + 2 - C(P-1) = C - P + 2 \tag{1.21}$$

となり，Gibbs の相律の式が得られる．

1.2 2元合金の熱力学

1.2.1 混合 Gibbs 自由エネルギー

$X_A = 1 - X_B$ モルの A 原子と X_B モルの B 原子からなる 1 モルの A-B 2元合金の Gibbs の自由エネルギーを求める．A, B 原子の混合をつぎの手順により，この合金の自由エネルギーを計算する．

(1) X_A モルの純金属 A に X_B モルの純金属 B を加えて 1 モルとする。
(2) A, B 原子を無秩序に混合し，均一固溶体 (solid solution) をつくる。

手順 (1)（混合前）のモル自由エネルギーは以下のように表せる。

$$G_1 = X_A G_A + X_B G_B \tag{1.22}$$

ここで G_A と G_B はそれぞれ純金属 A, B のモル自由エネルギーである。手順 (2)（混合後）のモル自由エネルギーは以下の式で計算できる。

$$G_2 = G_1 + \Delta G_{mix} \tag{1.23}$$

ここで ΔG_{mix} は混合 Gibbs 自由エネルギーである。

1.2.2　混合エントロピー

全原子数を N とし[†]，$N_A = NX_A$ 個の A 原子と $N_B = NX_B$ 個の B 原子を混合し，無秩序に N 個の格子点に配列する場合の数は

$$W = \frac{(N_A + N_B)!}{N_A! N_B!} \tag{1.24}$$

となる。Boltzmann の式

$$S = k_B \ln W \tag{1.25}$$

を用いると

$$S = k_B \ln \frac{(N_A + N_B)!}{N_A! N_B!} \tag{1.26}$$

となる。ここで k_B は Boltzmann 定数 (Boltzmann's constant) である。

$N \gg 1$ のときには Stirling の近似式 ($\ln N! \approx N \ln N - N$) を利用し，さらに $X_A = N_A/(N_A + N_B) = 1 - X_B$，$X_B = N_B/(N_A + N_B)$ の関係を用いると混合エントロピー (entropy of mixing) ΔS_{mix} は

$$\Delta S_{mix} = -R[(1 - X_B) \ln(1 - X_B) + X_B \ln X_B] \tag{1.27}$$

となる。ここで $R = k_B N$ は気体定数である。

[†] 1 モルの場合は N は Avogadro 数となる。

1.2.3 混合エンタルピー

最近接原子間の結合エネルギー (interaction energy) のみを考慮して，この合金の凝集エネルギー (cohesion energy) を計算する．純金属 A と B の体積がきわめて近く，混合後も変化せず，原子間距離と結合エネルギーは原子対の種類のみに依存し，周りの原子配列には影響されないというのがその上記の仮定の前提である．ここで A-A 原子対，B-B 原子対および A-B 原子対の結合エネルギーをそれぞれ ϵ_{AA}, ϵ_{BB}, ϵ_{AB} とし，各原子対の総数を P_{AA}, P_{BB}, P_{AB} とすれば，内部エネルギーは以下の式で計算できる．

$$U = P_{AA}\epsilon_{AA} + P_{BB}\epsilon_{BB} + P_{AB}\epsilon_{AB} \tag{1.28}$$

ここで原子配列は完全にランダムであり，各原子対の総数としてその平均値をとる (正則溶体 (regular solution) 近似)．最近接原子サイト数を z とすれば，P_{AA}, P_{BB}, P_{AB} はそれぞれ $P_{AA} = Nz(1-X_B)^2/2$, $P_{BB} = NzX_B^2/2$, $P_{AB} = NzX_B(1-X_B)$ となる．ゆえに混合のエンタルピー (enthalpy of mixing) は以下のように表せる．

$$\Delta H_{mix} = \epsilon N z X_A X_B \tag{1.29}$$

ここで

$$\epsilon = \epsilon_{AB} - \frac{1}{2}(\epsilon_{AA} + \epsilon_{BB}) \tag{1.30}$$

であり，A-B 原子対の結合エネルギーと A-A, B-B 原子対の平均結合エネルギーとの差を表す．さらに ΔH_{mix} を以下のように書き換える．

$$\Delta H_{mix} = \Omega X_A X_B \tag{1.31}$$

ここで Ω は

$$\Omega = Nz\epsilon \tag{1.32}$$

であり，相互作用パラメータ (interaction parameter) と呼ばれる．

$\Omega > 0$ のときは，A-B 原子対の結合エネルギーが A-A, B-B 原子対の平均結合エネルギーより大きく，A 原子と B 原子は固溶体のなかで反発するため，A

原子どうしまたはB原子どうしが集まり，さらにはA原子を主体とする相とB原子を主体とする相に分離する傾向がある．$\Omega<0$のときには，A-B原子対の結合エネルギーはA-A, B-B原子対の平均結合エネルギーより小さく，A原子とB原子は固溶体のなかで引き合う傾向があり，2相分離は起こりにくい．$\Omega=0$のときにはA, B原子間に特別な相互作用は存在せず，各原子はランダムに配置し，固溶体は安定である(図1.3参照).

(a) $\Omega<0$, 高温

(b) $\Omega<0$, 低温

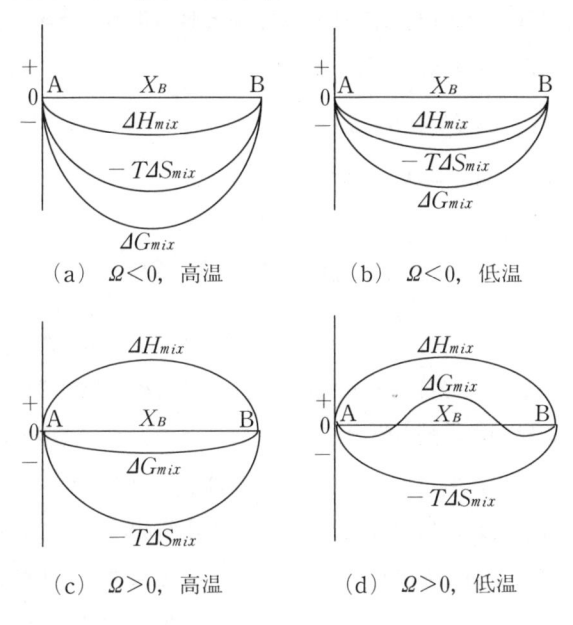

(c) $\Omega>0$, 高温

(d) $\Omega>0$, 低温

図1.3 混合Gibbs自由エネルギーΔG_{mix}に及ぼす相互作用パラメータΩと温度の影響

1.2.4 正則溶体モデルによる2元合金のGibbsの自由エネルギー

上記の正則溶体モデルを用いると，混合Gibbs自由エネルギーΔG_{mix}は以下のように表せる．

$$\Delta G_{mix} = \Delta H_{mix} - T\Delta S_{mix}$$
$$= \Omega X_A X_B + RT[(1-X_B)\ln(1-X_B) + X_B \ln X_B]$$

$$(1.33)$$

式 (1.23) に式 (1.22), (1.33) を代入することにより, A-B 2元合金の Gibbs の自由エネルギーは以下の式で計算できることがわかる.

$$\begin{aligned} G &= G_1 + \Delta G_{mix} \\ &= X_A G_A + X_B G_B + \Omega X_A X_B \\ &\quad + RT[(1-X_B)\ln(1-X_B) + X_B \ln X_B] \end{aligned} \quad (1.34)$$

さらに式 (1.14) および式 (1.15) により成分 A と B の化学ポテンシャルを計算すると, 以下の式が得られる.

$$\mu_A = G_A + \Omega X_B^2 + RT\ln(1-X_B) \tag{1.35}$$

$$\mu_B = G_B + \Omega(1-X_B)^2 + RT\ln X_B \tag{1.36}$$

1.3 拡 散 現 象

前節までに, 主として A-B 2元合金を対象として, 2相平衡の条件や平衡状態にある各相の Gibbs の自由エネルギーを求めるための熱力学について考えてきた. 材料の組織形成の動力学の観点からは, どのような機構で平衡状態に至るのか, 平衡状態に達するまでどれくらい時間がかかるのか, ということが問題になる. これを明らかにするのが本書の主要な目的の一つであるが, ここではまず最初に現象論的な立場から検討してみることにする. 組織形成過程を制御する最も重要な現象が, 原子の移動, すなわち拡散 (diffusion) である.

1.3.1 拡散の機構

拡散原子の主たる移動機構としては, (1) 空孔型拡散 (vacancy mechanism) と, (2) 格子間拡散 (interstitial mechanism) との二つがある.

図 1.4 に示すように結晶が完全であれば置換型原子 (substitutional atom) がたがいに位置を交換しながら移動することが容易に起こり得ないことが直感的にもわかるであろう. もし結晶中に空孔が存在するならば, 隣接する原子は容易に空孔に移動できる. 置換型原子は空孔による拡散機構により移動するが,

小さな侵入型原子(interstitial atom)は図**1.5**に示すように格子間位置から隣の格子間位置まで，大きな置換型原子のすき間を通って移動する．ほとんどの格子間位置は他の原子に占有されていないので，格子間拡散は空孔型拡散と比較して極端に速い．その他の拡散機構としては，直接交換拡散と4原子環拡散がある．

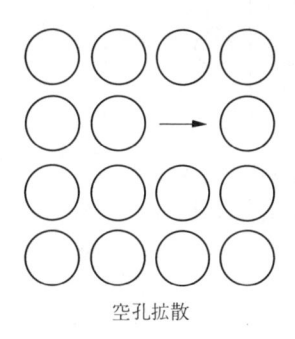

空孔拡散

侵入型原子拡散

図**1.4** 空孔拡散機構 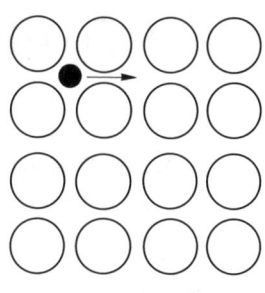   図**1.5** 格子間拡散機構

1.3.2 巨視的拡散

簡単のため，単純立方格子の二つの隣接した面1および面2について，A-B 2元合金でのB原子の拡散を考える．結晶を図**1.6**のように断面積L^2，厚さa（原子間距離に等しい）の板を重ねたものと考える．面1にN_1個のB原子があり，面2にN_2のB原子があるとする．各面中の単位体積当りのB原子濃度をcとすると，$c_1 = N_1/L^2a$，$c_2 = N_2/L^2a$となる．

原子のジャンプの頻度を毎秒Γ_B回とすれば，おのおののB原子は平均して$1/\Gamma_B$秒に1回のジャンプをすることになる．左向きおよび右向きのジャンプのみが起こるものと考える[†]．1回のジャンプにより面1中の$N_1/2$個のB原子が左向き，残りの$N_1/2$個のB原子が右向きのジャンプをすると考えられるから，$1/\Gamma_B$秒間には面1を$N_1/2$個の原子が右向きに通過して，また$N_2/2$個の原子が左向きに通過して移動することになる．結局，面1を通過する正味の原子の

[†] 3次元拡散では6方向を考える．

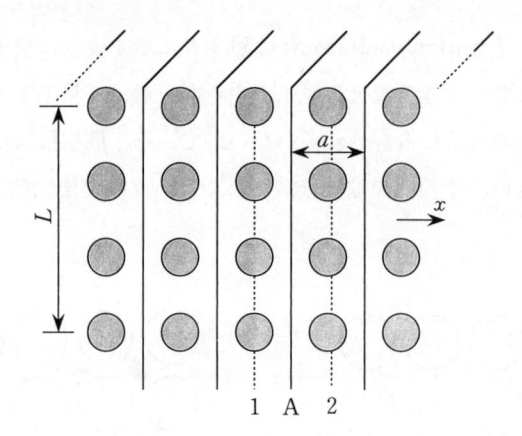

図 1.6 巨視的拡散機構 (仮想的な板面 A (面積 L^2, 厚さ a) を通して x 軸方向に B 原子が出入りする)

流れ dN/dt は

$$\frac{dN}{dt} = -\frac{\Gamma_B}{2}(N_2 - N_1) = -\frac{\Gamma_B L^2 a}{2}(c_2 - c_1) \tag{1.37}$$

となる。ここで右方向の原子の流れを正とした。原子間距離は巨視的な尺度で見ると短いので以下の近似ができる。

$$a\frac{\partial c}{\partial x} = c_2 - c_1 \tag{1.38}$$

式 (1.37) は以下のように書き換えられる。

$$\frac{1}{L^2}\frac{dN}{dt} = -\frac{\Gamma_B a^2}{2}\frac{\partial c}{\partial x} \tag{1.39}$$

ここで拡散係数 (diffusion coefficient) D_B を

$$D_B = \frac{1}{2}a^2 \Gamma_B \tag{1.40}$$

で定義し[†]，原子の流束を $J_B = (1/L^2)dN/dt$ とすれば，式 (1.39) は以下のように表せる。

$$J_B = -D_B \nabla c_B = -D_B \frac{\partial c_B}{\partial x} \tag{1.41}$$

[†] 3次元拡散では $D_B = a^2 \Gamma_B / 6$ である。

これが 1855 年に Fick が示した式で，今日では Fick の第 1 法則 (Fick's first law of diffusion) と呼ばれている。

図 **1.7** に示すように，x 軸に垂直な面積 L^2，厚さ δx の板のなかへ，拡散により面 1 から B 原子が流入するとする。時間 δt に流入する B 原子の数は $J_1 L^2 \delta t$ である。面 2 から出ていく原子数は $J_2 L^2 \delta t$ である。

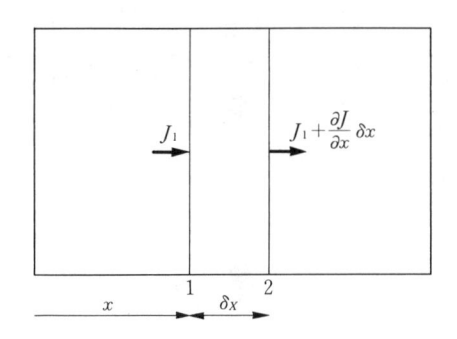

図 **1.7** Fick の第 2 法則 (面 1 を通して単位面積，単位時間当り J_1 の原子が流入し，面 2 を通して $J_2 = J_1 + (\partial J/\partial x)\delta x$ の原子が流出する)

時間 δt における濃度の変化 δc_B は

$$\delta c_B = \frac{(J_1 - J_2)L^2 \delta t}{L^2 \delta x} \tag{1.42}$$

である。δx が小さいとすると

$$J_2 = J_1 + \frac{\partial J}{\partial x}\delta x \tag{1.43}$$

となり，式 (1.42) で $\delta t \to 0$ とすれば

$$\frac{\partial c_B}{\partial t} = -\frac{\partial J_B}{\partial x} \tag{1.44}$$

これを式 (1.41) に代入すると

$$\frac{\partial c_B}{\partial t} = \frac{\partial}{\partial x}\left(D_B \frac{\partial c_B}{\partial x}\right) \tag{1.45}$$

が得られる。この式を Fick の第 2 法則 (Fick's second law of diffusion) という。

1.3.3 熱活性化過程と拡散

侵入型原子の原子のジャンプ過程をもう少し詳しく見てみよう．固体の熱エネルギーによりすべての原子が格子振動をしているが，侵入型原子が隣の格子間位置に移動するためには，格子のひずみエネルギー障壁を乗り越えるだけの熱エネルギーを得る必要がある(図 1.8 参照)．

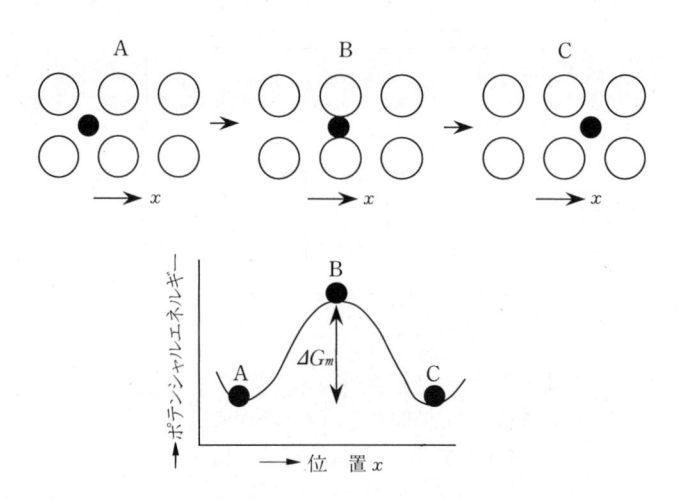

図 1.8 侵入型原子のジャンプに伴うポテンシャルエネルギーの変化(エネルギー障壁 ΔG_m を乗り越えるだけの熱エネルギーを得る必要がある)

エネルギー障壁の高さ ΔG_m は，侵入型原子移動のための活性化エネルギーと呼ばれている．原子が平均自由エネルギーより ΔG だけ高いエネルギー状態に達する確率は $\exp(-\Delta G/RT)$ となるので，格子振動数を ν，隣接格子間サイト数を z とすると単位時間当りのジャンプ頻度 Γ_B は

$$\Gamma_B = z\nu \exp\left(-\frac{\Delta G_m}{RT}\right) \tag{1.46}$$

となる．ここで R は気体定数である．

$\Delta G_m = \Delta H_m - T\Delta S_m$ という関係を利用し，これを式 (1.40) に代入すると

$$D_B = \frac{1}{6}a^2 z\nu \exp\left(\frac{\Delta S_m}{R}\right) \exp\left(-\frac{\Delta H_m}{RT}\right) \tag{1.47}$$

が得られる†。これを Arrhenius 型の式で書くと

$$D_B = D_{B0} \exp\left(-\frac{Q_{ID}}{RT}\right) \tag{1.48}$$

となる。ここで

$$D_{B0} = \frac{1}{6}a^2 z\nu \exp\left(\frac{\Delta S_m}{R}\right) \tag{1.49}$$

は振動数因子 (frequency factor)

$$Q_{ID} = \Delta H_m \tag{1.50}$$

は拡散の活性化エネルギー (activation energy of diffusion) と呼ばれる量であり，上式から明らかなように温度が上昇すると拡散係数は大きくなる。

空孔型拡散の場合には，原子のジャンプ頻度は，原子空孔濃度と原子が空孔と位置交換をするのに必要なエネルギー状態に達する確率との積に比例する。原子が位置交換を行うために必要なエネルギー状態 ΔG_{VM} に達する確率は $\exp(-\Delta G_{VM}/RT)$ であり，原子空孔濃度は $\exp(-\Delta H_V/RT)$ で表される。

ここで ΔH_V は空孔形成エンタルピーである。$\Delta G_{VM} = \Delta H_{VM} - T\Delta S_{VM}$ であるから，空孔型拡散でのジャンプ頻度は

$$\Gamma_B = \nu \exp\left(-\frac{\Delta G_{VM} + \Delta H_V}{RT}\right) \tag{1.51}$$

となる。これを式 (1.40) に代入すると

$$D_B = \frac{1}{6}a^2\nu \exp\left(\frac{\Delta S_{VM}}{R}\right) \exp\left(-\frac{\Delta H_{VM} + \Delta H_V}{RT}\right) \tag{1.52}$$

が得られる。ここで振動数項 D_{B0} と活性化エネルギー Q_{VM} は以下のように表せる。

$$D_{B0} = \frac{1}{6}a^2\nu \exp\left(\frac{\Delta S_{VM}}{R}\right) \tag{1.53}$$

$$Q_{VM} = \Delta H_{VM} + \Delta H_V \tag{1.54}$$

---

† ここでは，3次元格子を考えて 1/2 の代わりに 1/6 を用いた。

1.3.4 拡散の熱力学

系が平衡状態にあるときには，構成成分の化学ポテンシャルがいたるところで等しくなる．巨視的に考えると，こうした平衡条件が満足されるまで原子拡散が起こり続ける．したがって，任意の点における拡散流束は化学ポテンシャルの勾配に比例すると考えても不自然ではないであろう[†]．

ここでB原子の拡散流束J_Bを

$$J_B = \nu_B c_B \tag{1.55}$$

と表す．ここでν_BはB原子の正味の流れ速度(drift velocity)である．流れ速度は局所的な化学ポテンシャルの勾配に比例すると考える．

$$\nu_B = -M_B \frac{\partial \mu_B}{\partial x} \tag{1.56}$$

ここでM_Bは原子の易動度[††](mobility)である．式(1.56)を式(1.55)に代入すると以下の式が得られる．

$$J_B = -M_B c_B \frac{\partial \mu_B}{\partial x} \tag{1.57}$$

この式をFickの第1法則の式(1.41)と比較すると拡散係数D_Bは以下のように表せる．

$$D_B = M_B c_B \frac{\partial \mu_B}{\partial c_B} \tag{1.58}$$

さてここで，A原子およびB原子の活量[†††](activity) a_A, a_Bを純物質AおよびBのモル自由エネルギーとA原子およびB原子の化学ポテンシャルとの差が，それぞれ$-RT \ln a_A$, $-RT \ln a_B$となるように定義する．すなわちA原子およびB原子の化学ポテンシャルμ_Aとμ_Bは以下のように書ける．

$$\mu_A = G_A + RT \ln a_A = G_A + RT \ln \gamma_A X_A,$$
$$\mu_B = G_B + RT \ln a_B = G_B + RT \ln \gamma_B X_B \tag{1.59}$$

[†] この考え方を一般化したのがOnsagerの線形熱力学である(2章 参照)．

[††] 移動度とも書く．

[†††] 活動度ともいう．

γ_A, γ_B は活量係数 (activity coefficient) と呼ばれ，定義は以下のとおりである．

$$\gamma_A = \frac{a_A}{X_A}, \quad \gamma_B = \frac{a_B}{X_B} \tag{1.60}$$

活量係数が1のときは理想溶体 (ideal solution) となる．ここで温度，圧力一定として Gibbs-Duhem の関係式 (1.19) を用いると

$$-\frac{d\mu_A}{X_B} = \frac{d\mu_B}{X_A} = d(\mu_B - \mu_A) \tag{1.61}$$

が得られる．Gibbs の自由エネルギーの勾配は

$$\frac{dG}{dX_B} = \mu_B - \mu_A \tag{1.62}$$

となり，これを式 (1.61) に代入し，$X_A X_B$ を掛けると以下の関係が得られる[†]．

$$-X_A d\mu_A = X_B d\mu_B = X_A X_B \frac{d^2 G}{dX_B^2} dX_B \tag{1.63}$$

ここで式 (1.59) より

$$\frac{d\mu_B}{dX_B} = \frac{RT}{X_B}\left(1 + \frac{X_B}{\gamma_B}\frac{d\gamma_B}{dX_B}\right) = \frac{RT}{X_B}\left(1 + \frac{d\ln\gamma_B}{d\ln X_B}\right) \tag{1.64}$$

となり，この式と式 (1.63) より以下の関係を得る．

$$X_A X_B \frac{d^2 G}{dX_B^2} = RT\left(1 + \frac{d\ln\gamma_B}{d\ln X_B}\right) \tag{1.65}$$

ここでモル体積を V_m として，B 原子のモル分率 X_B と c_B との関係 $c_B = X_B/V_m$，および式 (1.64) を用いて式 (1.57) を書き換えると以下のような式で表される．

$$\begin{aligned}J_B &= -M_B \frac{X_B}{V_m}\frac{RT}{X_B}\left(1 + \frac{d\ln\gamma_B}{d\ln X_B}\right)\frac{\partial X_B}{\partial x}\\ &= -M_B RT\left(1 + \frac{d\ln\gamma_B}{d\ln X_B}\right)\frac{\partial c_B}{\partial x}\end{aligned} \tag{1.66}$$

この式を Fick の第1法則の式 (1.41) と比較すると拡散係数は

$$D_B = M_B RT\left(1 + \frac{d\ln\gamma_B}{d\ln X_B}\right) = M_B X_A X_B \frac{d^2 G}{dX_B^2} \tag{1.67}$$

となる．$d^2G/dX_B^2 > 0$ のときには D_B は正であるから，不均一分布な濃度分布は時間とともに一様になり，通常の拡散となる．

しかし $d^2G/dX_B^2 < 0$ のときには D_B は負となり，不均一な濃度分布はます

[†] $d(dG/dX_B) = (d^2G/dX_B^2)dX_B$ の関係を利用した．

ます不均一となる。これは次節で述べるスピノーダル分解における原子の拡散に対応しており,負の拡散 (up-hill diffusion) と呼ばれている。

1.4 相分離の熱力学

1.4.1 核形成・成長とスピノーダル分解

図 *1.9* は,低温域で2相分離をする2元合金の状態図と,温度 $T = T_1$ でのGibbsの自由エネルギー・組成曲線を模式的に示したものである。十分高温で,平衡状態図では単相の領域 T_0 から2相領域 T_1 に急冷した場合を考える。組成がA原子主体またはB原子主体のとき(状態図のバイノーダル線 (binodal line) より外側)にはこの合金は安定な固溶体として存在し得る。A原子主体の固溶体が安定な領域においては,G はB原子の濃度 X_B の増加とともに減少し,一方B原子主体の固溶体が安定な領域においては,G はA原子の濃度 $X_A = 1 - X_B$ の増加とともに減少する。2相共存域(濃度 X_α^e と X_β^e)においては G の変化は X_B に比例する。

2相共存域での固溶体の仮想的なGibbsの自由エネルギー曲線を解析することにより,相分離 (phase separation) の機構がわかる。相分離を引き起こす濃度ゆらぎには異なった二つのタイプがある。図 *1.9* の $(\partial^2 G/\partial X_B^2)_T = 0$ は自由エネルギー・組成曲線の変曲点を表しており,スピノーダル線 (spinodal line) と呼ばれている。スピノーダル線の外側 $((\partial^2 G/\partial X_B^2)_T > 0)$ では,濃度ゆらぎ (fluctuation) に対して系の自由エネルギーが増加し,そのゆらぎは消滅する方向に向かう。偶然に起こった大きなゆらぎにより,初めて系の自由エネルギーが減少し,相分離が起こる。

この領域の組成の固溶体は準安定状態 (metastable state) にあるといえる。この組成域での相分離を核形成・成長 (nucleation and growth) という。スピノーダル線の内側 $((\partial^2 G/\partial X_B^2)_T < 0)$ では,濃度ゆらぎが生ずると系の自由エネルギーは減少するため,濃度ゆらぎはさらに大きなゆらぎへと発展する。こ

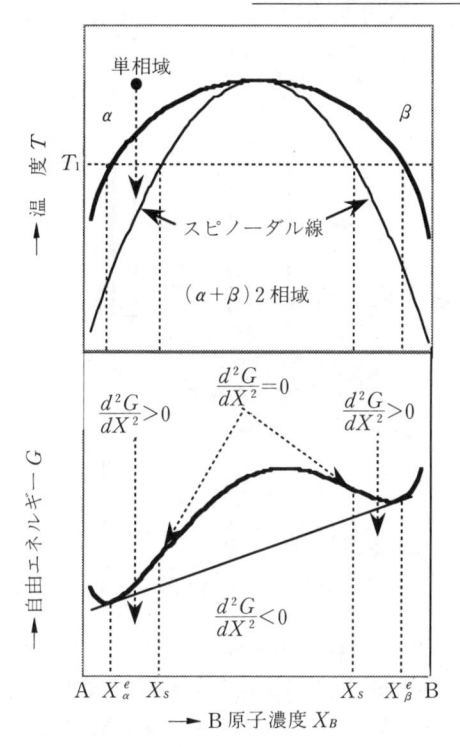

図 1.9 A-B 2元合金の状態図と温度 T_1 での Gibbs の自由エネルギー・組成曲線 (Gibbs の自由エネルギー・組成曲線が下に凸の場合 ($\partial^2 G/\partial X^2 > 0$) は核形成・成長機構により，上に凸の場合 ($\partial^2 G/\partial X^2 < 0$) にはスピノーダル分解により相分離が進行する)

の領域の固溶体は不安定状態 (unstable state) にあるといえる。この組成域での相分離をスピノーダル分解 (spinodal decomposition) という。

図 1.10 は相分離の二つの機構の違いを模式的に示したものである。核形成・成長の場合，核形成の活性化自由エネルギーを必要とし，平衡組成に近い濃度の相が析出し，物質拡散により成長する。一方，スピノーダル分解においては自発的に相分離が進行するため，濃度ゆらぎが時間とともに増加し，溶質原子 (B原子) の拡散は濃度の高い方向に進むことになる。すなわち負の拡散 (up-hill diffusion) を起こすことになる。

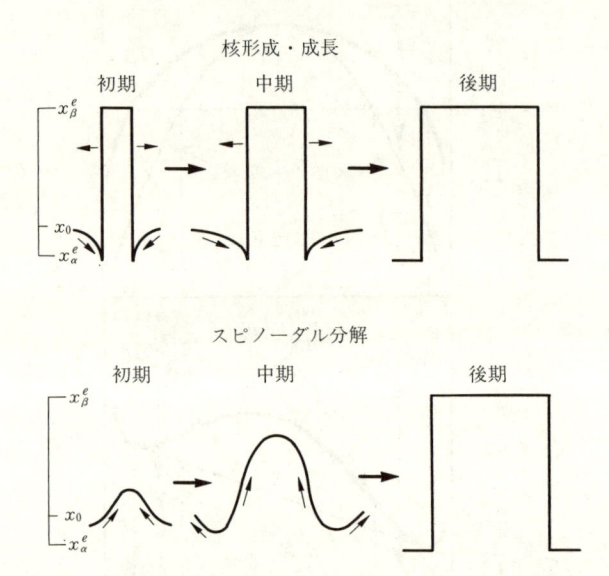

図 1.10 二つの相分離機構(核形成・成長とスピノーダル分解)の違い (核形成・成長機構では非常に大きいゆらぎにより平衡組成に近い濃度の相が析出し、物質拡散により成長する。スピノーダル分解においては濃度ゆらぎが時間とともに増加し、溶質原子は濃度の高い方向に進む(負の拡散))

1.4.2 核形成の駆動力

準安定過飽和固溶体(metastable solid solution) α' から核形成により β 相が析出するときの駆動力(driving force)を考える。このときの析出反応は以下のように表せる。

$$\alpha' \to \alpha + \beta \tag{1.68}$$

ここで α 相は α' 相と同一の結晶構造を持ち、β 相との平衡組成に近い安定固溶体である。

ここで X_B^β の組成の β 相の核が形成されたとき、少量の同じ組成を持つ α 相が消滅するため、1モル当りの系の自由エネルギーの減少は

$$\Delta G_1 = \mu_A^\alpha X_A^\beta + \mu_B^\alpha X_B^\beta \tag{1.69}$$

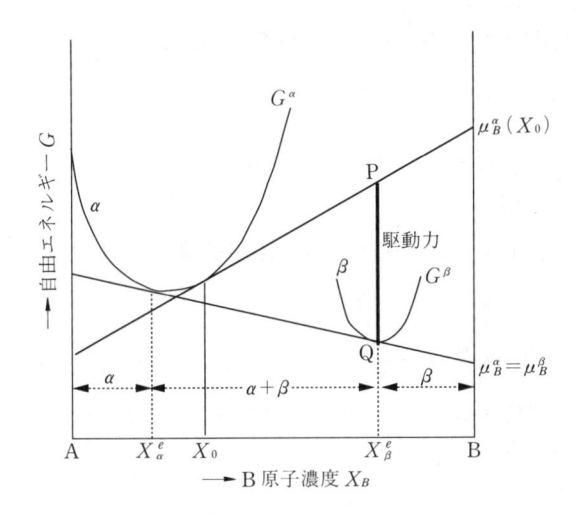

図1.11 平均濃度X_0の過飽和固溶体から核形成により濃度X_B^βのβ相が析出する場合のGibbsの自由エネルギーの変化(β相と平衡するα相の濃度はX_B^αである)

この値は図**1.11**の点Pに相当する。

一方,核形成に伴う1モル当りの自由エネルギーの増加は

$$\Delta G_2 = \mu_A^\beta X_A^\beta + \mu_B^\beta X_B^\beta \tag{1.70}$$

となり,図**1.11**の点Qで表される。ゆえに,1モル当りの核形成の駆動力ΔGは

$$\Delta G = \Delta G_2 - \Delta G_1 \tag{1.71}$$

であり,図**1.11**の線分PQの長さに相当する。単位体積当りの駆動力ΔG_Vは以下のように表せる。

$$\Delta G_V = \frac{\Delta G}{V_m} \tag{1.72}$$

ここでV_mはβ相の1モル体積(1モル当りの体積)である。

－ 補　　足 －

固体での組織形成を取り扱うとき,Gibbsの自由エネルギーGの代わりに

Helmholtzの自由エネルギー (Helmholtz free energy)

$$F = U - TS \tag{1.73}$$

を使うと便利なことが多い．実際，固体の相分離においてはpdV項は無視できるのでGをFで近似できる．

Helmholtzの自由エネルギーを用いると，平衡条件(1.4)は以下のように書き換えられる．

$$dF_{T,V} = dU - TdS = 0 \tag{1.74}$$

また，以下の式で化学ポテンシャルを定義することにより

$$\mu_i \equiv \left(\frac{\partial F}{\partial N_i}\right)_{T,V,N_j \neq N_i} \tag{1.75}$$

Gに対するものと同一の2相平衡の条件が成り立つ．

$$\mu_A^\alpha = \mu_A^\beta, \quad \mu_B^\alpha = \mu_B^\beta \tag{1.76}$$

章 末 問 題

(1) Helmholtzの自由エネルギーからGibbs-Duhemの関係式(1.19)を導け．

(2) 拡散係数Dが定数ではなく，濃度に依存する場合を考える（このときのDを$\widetilde{D}$で表す）．拡散方程式は以下のように記述できる．

$$\frac{\partial c}{\partial t} = \frac{\partial}{\partial x}\left(\widetilde{D}\frac{\partial c}{\partial x}\right)$$

このとき時間$t > 0$の濃度プロファイルから$\widetilde{D}$をcの関数として求める方法を示せ．

[ヒント] $t > 0$では境界条件が$\eta = x/t^{1/2}$のみの関数として

$$c(\eta = 0, t) = c_0$$
$$c(\eta = \infty, t) = 0$$

で表せるので，Boltzmann変換$\eta = x/t^{1/2}$により拡散方程式が常微分方程式に変換できる．

引用・参考文献

1) 須藤　一，田村今男，西澤泰二："金属組織学"，丸善 (1972)
2) D.A. Porter and K.E. Easterling: "Phase Transformation in Metals and Alloys", 2nd. Ed., Chapman & Hall (1992)
3) P. Haasen: "Physical Metallurgy", 3rd. Ed., Cambridge Univ. Press (1996)

2 拡散方程式の熱力学的基礎

固体中における原子移動,すなわち拡散の速度はあまり速くないので,材料の組織形成は非平衡状態で進行すると考えられる。本節では平衡熱力学を非平衡に拡張することを試みる。

ここで取り扱う非平衡熱力学は Onsager, Eckart, Meixner, Prigogine らにより体系化されたもので,古典的非可逆過程の熱力学 (classical irreversible thermodynamics) と呼ばれる。簡単のため,化学反応,外部からの力学的な作用,電磁場の影響は考慮しない。

2.1 非平衡熱力学の基礎

2.1.1 保存方程式

〔1〕 **質量保存**　N元系を考える。体積Vにおける成分kの質量の変化は以下の式で記述できる。

$$\frac{d}{dt}\int_V \rho_k dV = \int_V \frac{\partial \rho_k}{\partial t} dV \tag{2.1}$$

ただし,ρ_kは成分kの(単位体積当りの)密度である。化学反応が起こらないとすると,成分kの質量変化は表面Ωを通り体積Vに流れ込む成分kの物質拡散流に等しい。

$$\int_V \frac{\partial \rho_k}{\partial t} dV = -\int_\Omega \rho_k \vec{v}_k \cdot d\vec{\Omega} \tag{2.2}$$

が成立する。ここで$d\vec{\Omega}$は大きさ$d\Omega$の表面の外向き法線ベクトルであり,なかから外への方向を正とする。また$\vec{v}_k$は成分kの速度を表す。Gauss の定理により式(2.2)の面積分を体積積分に書き換えることができる。

$$\int_\Omega \rho_k \vec{v_k} \cdot d\vec{\Omega} = \int_V \nabla \cdot (\rho_k \vec{v_k}) dV \qquad (2.3)$$

$\nabla \cdot \vec{A}$ はベクトル場 $\vec{A}$ の発散を表す.

$$\nabla \cdot \vec{A} = \frac{\partial A_x}{\partial x} + \frac{\partial A_y}{\partial y} + \frac{\partial A_z}{\partial z} \qquad (2.4)$$

式 (2.2) および式 (2.3) より以下の式を得る.

$$\frac{\partial \rho_k}{\partial t} = -\nabla \cdot (\rho_k \vec{v_k}) \qquad (k=1,\cdots,N) \qquad (2.5)$$

式 (2.5) の $k=1,\cdots,N$ の和を求めることにより, 質量保存則 (conservation of mass) が得られる.

$$\frac{\partial \rho}{\partial t} = -\nabla \cdot (\rho \vec{v}) \qquad (2.6)$$

ただし ρ は総密度であり

$$\rho = \sum_{k=1}^N \rho_k \qquad (2.7)$$

$\vec{v}$ は各成分の質量比により各成分の速度を平均した速度であり, 中心速度 (barycentric velocity) と呼ばれている.

$$\vec{v} = \sum_{k=1}^N \frac{\rho_k \vec{v_k}}{\rho} \qquad (2.8)$$

以下の Lagrange 微分 (物質の流れに乗って見た物理量の変化) を導入し

$$\frac{d}{dt} \equiv \frac{\partial}{\partial t} + \vec{v} \cdot \nabla \qquad (2.9)$$

ここで, スカラー場 f に対して 3 次元の勾配を

$$\nabla f = \left(\frac{\partial f}{\partial x}, \frac{\partial f}{\partial y}, \frac{\partial f}{\partial z} \right) \qquad (2.10)$$

で定義する. また k の拡散流 (diffusion flow) $\vec{J_k}$ を以下のように定義することにより, 質量保存則を書き換える.

$$\vec{J_k} = \rho_k (\vec{v_k} - \vec{v}) \qquad (2.11)$$

式 (2.9), (2.11) を利用すると, 式 (2.5) は以下のように表せる.

$$\frac{d\rho_k}{dt} = -\rho_k \nabla \cdot \vec{v} - \nabla \cdot \vec{J_k} \qquad (2.12)$$

さらに式 (2.6) は以下のようになる.

$$\frac{d\rho}{dt} = -\rho \nabla \cdot \vec{v} \tag{2.13}$$

質量比 $c_k = \rho_k/\rho$ を用いて式 (2.12) を書き直すと，以下のような簡単な式が得られる．

$$\rho \frac{dc_k}{dt} = -\nabla \cdot \vec{J}_k \tag{2.14}$$

比体積 (単位質量当りの体積) $v = 1/\rho$ の変化は式 (2.13) より以下のように書くことができる．

$$\rho \frac{dv}{dt} = \nabla \cdot \vec{v} \tag{2.15}$$

〔2〕 **開放系のエネルギー保存** 閉じた系 (closed system) でのエネルギー保存則 (conservation of energy) により，系の総エネルギーは表面 Ω を通してのエネルギー流 (energy flow) の出入りによってのみ変化することがわかる．

$$\frac{d}{dt}\int_V \rho e = \int_V \frac{\partial \rho e}{\partial t} = -\int_\Omega \vec{J}_e \cdot d\vec{\Omega} \tag{2.16}$$

ここで e は単位体積当りのエネルギー，$\vec{J}_e$ は単位面積，単位時間当りのエネルギー流である．Gauss の定理を用いて以下のエネルギー保存則が得られる．

$$\frac{\partial \rho e}{\partial t} = -\nabla \cdot \vec{J}_e \tag{2.17}$$

ここでは，熱と物質の出入りのみ考えると，単位質量当りのエネルギー e は，単位質量当りの運動エネルギー $\vec{v}^2/2$ と単位体積当りの内部エネルギー u の和で与えられる．

$$e = \frac{1}{2}\vec{v}^2 + u \tag{2.18}$$

全エネルギーの流れ $\vec{J}_e$ は，物質とともに運ばれるエネルギー流 $\rho e \vec{v}$ と熱流 (heat flow) $\vec{J}_q$ の和で与えられる．

$$\vec{J}_e = \rho e \vec{v} + \vec{J}_q \tag{2.19}$$

外力がないとき，運動エネルギーの時間変化は以下のように表すことができる．

$$\frac{\partial \frac{\rho \vec{v}^2}{2}}{\partial t} = -\nabla \cdot \left(\frac{\rho \vec{v}^2}{2}\right)\vec{v} \tag{2.20}$$

式 (2.17) から式 (2.20) を差し引くと以下の式が得られる。

$$\frac{\partial \rho u}{\partial t} = -\nabla \cdot (\rho u \vec{v} + \vec{J}_q) \tag{2.21}$$

さらに Lagrange 微分で表すと

$$\rho \frac{du}{dt} = -\nabla \cdot \vec{J}_q \tag{2.22}$$

単位質量当りに加えられた熱を dq とすると

$$\rho \frac{dq}{dt} = -\nabla \cdot \vec{J}_q \tag{2.23}$$

最後に熱力学第 1 法則は以下のような形式で表せることを示す。

$$\frac{du}{dt} = \frac{dq}{dt} \tag{2.24}$$

2.1.2 エントロピー釣合い

エントロピー変化は以下のように二つの項の和で表すことができる。

$$\frac{dS}{dt} = \frac{d_e S}{dt} + \frac{d_i S}{dt} \tag{2.25}$$

ここで $d_e S/dt$ は外界とのエントロピー交換によるエントロピー変化であり，$d_i S/dt$ は内部でのエントロピー生成 (entropy production) である。熱力学第 2 法則より $d_i S/dt$ は非負である。

$$\frac{d_i S}{dt} \geq 0 \tag{2.26}$$

上式の等号は平衡状態または可逆変化に対応し，不等号は不可逆変化を表す。

非平衡状態でも，平衡状態と同様に状態変数のみの関数としてエントロピーを定義できる。単位質量当りのエントロピー s，単位面積，単位時間当りの全エントロピー流 (entropy flow) $\vec{J}_{s,tot}$，局所的なエントロピー生成 (local entropy production) σ_s が空間座標の連続関数であるとして，エントロピー変化を以下のように書き換える。

$$S = \int_V \rho s \, dV \tag{2.27}$$

$$\frac{d_e S}{dt} = -\int_\Omega \vec{J}_{s,tot} \cdot d\vec{\Omega} \qquad (2.28)$$

$$\frac{d_i S}{dt} = \int_V \sigma_s dV \qquad (2.29)$$

Gaussの定理を用いて以下のエントロピー釣合いの式 (entropy balance equation) を得る。

$$\frac{\partial \rho s}{\partial t} = -\nabla \cdot \vec{J}_{s,tot} + \sigma_s \qquad (\sigma_s \geqq 0) \qquad (2.30)$$

Lagrange微分による表現では式 (2.30) は以下のように書き換えられる。

$$\rho \frac{ds}{dt} = -\nabla \cdot \vec{J}_s + \sigma_s \qquad (2.31)$$

ここでエントロピー流 $\vec{J}_s$ は全エントロピー流 $\vec{J}_{s,tot}$ から対流項 $\rho s \vec{v}$ を差し引いたものである。

$$\vec{J}_s = \vec{J}_{s,tot} - \rho s \vec{v} \qquad (2.32)$$

式 (2.30) の不等式は局所的な領域でのエントロピー増大を示しており，孤立系全体のエントロピー増大を表す熱力学第2法則が，局所的にも成立することを要求している。

2.1.3 局所平衡

ここで取り扱う系は，温度勾配，濃度勾配を持つ系であり，系全体では平衡状態にないが，小さな部分を見ると温度，圧力などの熱力学的な量が定義できると考える。系全体を部分系の集まりとして，各部分系で平衡熱力学の関係式が成り立つと仮定する。この考え方を局所平衡 (local equilibrium) の仮定という。部分系は，巨視的熱力学部分系として取扱いが可能な大きさを持つ必要があるが，一方，部分系のなかで平衡に近い状態実現可能な程度に小さくする必要がある。

局所平衡は，古典的非可逆過程の熱力学の基礎となる重要な概念である。局所平衡の仮定の意味するところは，以下のようにまとめることができる。

(1) 平衡熱力学で定義された温度やエントロピーなど，すべての変数が平衡状態と同じように厳密に定義できる．それぞれの部分系内では，これらの熱力学的な量は一定値をとるが，それらの値は部分系ごとに異なっている．すべての示強変数，温度 T，圧力 p，化学ポテンシャル μ は位置 $\vec{r}$ と時間 t の関数となる．

N元系の全体の質量を $M = \sum_{k=1}^{N} M_k$ とすると，示量変数として単位質量当りのエントロピー $s(\vec{r},t) = S/M$，単位質量当りの内部エネルギー $u(\vec{r},t) = U/M$，成分 k の質量比 $c_k(\vec{r},t) = M_k/M$ も位置と時間の関数で表せる．

(2) 平衡熱力学における熱力学変数の関係が，非平衡状態においてもある瞬間においては局所的に成り立つ．非平衡状態でのエントロピーは平衡状態と同じ状態変数に依存する．s は u, v, c_k の関数で表せる．

$$s(\vec{r},t) = s(u(\vec{r},t), v(\vec{r},t), c_k(\vec{r},t)) \tag{2.33}$$

$$ds = \left(\frac{\partial s}{\partial u}\right)_{v,c_k} du + \left(\frac{\partial s}{\partial v}\right)_{u,c_k} dv + \sum_{k=1}^{N} \left(\frac{\partial s}{\partial c_k}\right)_{u,v,c_{k'\neq k}} dc_k \tag{2.34}$$

温度 T，圧力 p，化学ポテンシャル μ_k は以下のように与えられる．

$$\frac{1}{T} = \left(\frac{\partial s}{\partial u}\right)_{v,c_k}, \quad \frac{p}{T} = \left(\frac{\partial s}{\partial v}\right)_{u,c_k}, \quad -\frac{\mu_k}{T} = \left(\frac{\partial s}{\partial c_k}\right)_{u,v,c_{k'\neq k}} \tag{2.35}$$

式 (2.34), (2.35) より，単位質量当りのエントロピーの微分に関する Gibbs の関係式を得る．

$$Tds = du + pdv - \sum_{k=1}^{N} \mu_k dc_k \tag{2.36}$$

2.1.4　エントロピー生成とエントロピー流

局所平衡を仮定し，Gibbs の関係式 (2.36) の時間微分 (Lagrange 微分) を求め

ると，以下の関係式が得られる．

$$T\frac{ds}{dt} = \frac{du}{dt} + p\frac{dv}{dt} - \sum_{k=1}^{N} \mu_k \frac{dc_k}{dt} \tag{2.37}$$

非圧縮性 $dv/dt = 0$ の材料を考える．質量保存則およびエネルギー保存則を考慮して，式 (2.23), (2.24) および式 (2.14) をそれぞれ式 (2.37) の右辺の du/dt, および dc_k/dt に代入することにより，以下の式が得られる．

$$\rho\frac{ds}{dt} = -\frac{\nabla \cdot \vec{J}_q}{T} + \frac{1}{T}\sum_{k=1}^{N} \mu_k \nabla \cdot \vec{J}_k \tag{2.38}$$

式 (2.38) は容易にエントロピー釣合いの式 (2.31) の形式に書き直すことができる．

$$\rho\frac{ds}{dt} = -\nabla \cdot \left(\frac{\vec{J}_q - \sum_{k=1}^{N} \mu_k \vec{J}_k}{T}\right) + \vec{J}_q \cdot \nabla \frac{1}{T}$$

$$- \sum_{k=1}^{N} \vec{J}_k \cdot \nabla \frac{\mu_k}{T} \tag{2.39}$$

エントロピー流 $\vec{J}_s$ とエントロピー生成 σ_s は以下のように記述できる．

$$\vec{J}_s = \frac{1}{T}\left(\vec{J}_q - \sum_{k=1}^{N} \mu_k \vec{J}_k\right) \tag{2.40}$$

$$\sigma_s = \vec{J}_q \cdot \nabla \frac{1}{T} - \sum_{k=1}^{N} \vec{J}_k \cdot \nabla \frac{\mu_k}{T} \tag{2.41}$$

式 (2.41) の第 1 項，第 2 項はそれぞれ熱伝導および物質拡散によるエントロピー生成を示す．式 (2.41) によれば，エントロピー生成 σ_s は熱力学的流れ $\vec{J}_\alpha$ と熱力学的力 $\vec{X}_\alpha$ の内積の和で表されていることがわかる．

$$\sigma_s = \sum_\alpha \vec{J}_\alpha \cdot \vec{X}_\alpha \tag{2.42}$$

示強変数の勾配を熱力学的力 (thermodynamic force) と呼ぶ．以上をまとめると**表 2.1** のようになる．非平衡過程の局所表現が正しければ

表 2.1 熱力学的力

示量変数	示強変数	熱力学的力	熱力学的流れ
エネルギー	$\dfrac{1}{T}$	$\nabla\dfrac{1}{T}$	エネルギー流$\vec{J}_q$
質量	$-\dfrac{\mu_k}{T}$	$-\nabla\dfrac{\mu_k}{T}$	拡散流$\vec{J}_k$
運動量$(m\vec{v})$	$-\dfrac{\vec{v}}{T}$	$-\nabla\cdot\dfrac{\vec{v}}{T}$	粘性応力

$$\sigma_s \geqq 0 \tag{2.43}$$

となる。等号は平衡状態間の可逆過程を示し,不等号はエントロピー生成を伴う不可逆過程を表す。

2.2　線形熱力学

前節で述べたように,エントロピー生成が熱力学的力と流れの内積の和で与えられる。

$$\sigma_s = \sum_\alpha \vec{J}_\alpha \cdot \vec{X}_\alpha \tag{2.44}$$

平衡状態では熱力学的力は恒等的に0となる。また平衡の定義により,熱伝導および物質の輸送は存在しないので,熱力学的流れは0である。熱力学的力が小さく平衡に近い場合には,流れを熱力学的力のべき級数で展開することができる。系が熱平衡に近いとして高次の項を無視すると,流れは熱力学的力の線形結合で表せる。

$$\vec{J}_k = \sum_j L_{kj}\vec{X}_j \tag{2.45}$$

ここでjについての和は,各種保存量について求める。また,L_{kj}は現象論的係数と呼ばれている。

材料組織形成においても式(2.45)に相当するような経験則として以下のような法則がよく知られている。

熱伝導に関するFourierの法則 (Fourier law of heat conduction)

$$\vec{J}_q = -\kappa \nabla T \tag{2.46}$$

拡散に関する Fick の第1法則 (Fick's first law of diffusion)

$$\vec{J}_k = -D_k \nabla c_k \tag{2.47}$$

ここで κ は熱伝導率 (heat conductivity)，D_k は成分 k の拡散係数を表す．

エントロピー生成に関して，式 (2.44) および式 (2.45) より以下のような不等式が得られる．

$$\sigma_s = \sum_{ij} L_{ij} \vec{X}_i \cdot \vec{X}_j \geq 0 \tag{2.48}$$

熱力学第2法則より，この不等式は熱力学的力のあらゆる値に対して成立する．等号は平衡状態 ($\vec{X}_j = \vec{0}$) で成立する．

現象論的係数 (phenomenological coefficients) L_{ij} の対称性に関しては，19世紀に Kelvin らが経験的に見出していたが，1931 年の Onsager の論文[1),2)] によりその理論的基礎が確立した．Onsager は詳細釣合い原理 (principle of detailed balance) または微視的可逆性 (microscopic reversibility) に基づき，線形領域における現象論的係数の行列が対称であることを示した．

$$L_{ij} = L_{ji} \tag{2.49}$$

式 (2.49) は Onsager の相反定理 (Onsager reciprocal relations) として知られている．

相反定理の詳細な証明は非平衡熱力学の教科書 (例えば de Groot と Mazur の本[3)]) に示されているが，ここではその概略について直感的な説明を行う (以下，簡単のためスカラー量について議論する)．

まず最初に熱力学的なゆらぎの緩和は線形則により記述できると仮定する．

$$J_i = \frac{d\alpha_i}{dt} = \sum_i L_{ij} X_j \tag{2.50}$$

ある熱力学量 i $(i = 1, 2, \cdots, n)$ の平衡値からのずれを α_i として，平衡値からのエントロピーのずれ ΔS は以下のように記述できる．

$$\Delta S = -\frac{1}{2}\sum_{ij} g_{ij}\alpha_i\alpha_j = \frac{1}{2}\sum_i X_i\alpha_i \tag{2.51}$$

ここで以下のX_iは

$$X_i = -\frac{\partial \Delta S}{\partial \alpha_i} = -\sum_j g_{ij}\alpha_j \tag{2.52}$$

熱力学的流れ$d\alpha_i/dt$と共役な熱力学的力である。

Einsteinはエントロピーと微視的な状態数Wを結び付けるBoltzmannの有名な式(Boltzmann entropy postulate)を逆に使って，平衡値からのエントロピーのゆらぎの確率を表す公式を示した。

$$S = k_B \ln W \tag{2.53}$$

ここでk_BはBoltzmann定数(Boltzmann constant)である。

$$P(\Delta S) \propto e^{\Delta S/k_B} \tag{2.54}$$

ただし，ΔSはゆらぎによる平衡状態からのエントロピー変化を表す。

ゆらぎ$\alpha_1, \alpha_2, \cdots, \alpha_n$を持つ確率は

$$\begin{aligned}P(\alpha_1,\alpha_2,\cdots,\alpha_n) &= P(\Delta S) = Ce^{\Delta S/k_B}\\ &= \sqrt{\frac{\det(G)}{(2\pi k_B)^n}}\exp\left(-\frac{1}{2k_B}\sum_{i,j=1}^N g_{ij}\alpha_i\alpha_j\right)\end{aligned} \tag{2.55}$$

ここでCは定数であり，$\det(G)$は$G=(g_{ij})$の行列式である。確率分布$P(\alpha_1,\alpha_2,\cdots,\alpha_n)$は以下のような規格化条件を満足する。

$$\int P(\alpha_1,\alpha_2,\cdots,\alpha_n)d\alpha_1 d\alpha_2\cdots d\alpha_n = 1 \tag{2.56}$$

式(2.56)の導出に関しては付録を参照されたい。

さらに熱力学量fの平均$\langle f \rangle$を以下の式により求めることにより

$$\langle f \rangle = \int f(\alpha_1,\alpha_2,\cdots,\alpha_n)P(\alpha_1,\alpha_2,\cdots,\alpha_n)d\alpha_1 d\alpha_2\cdots d\alpha_n \tag{2.57}$$

確率分布関数から以下の式により熱力学的力を求めることができる。

$$X_i = k_B \frac{\partial P}{\partial \alpha_i} \tag{2.58}$$

X_i と α_j の相関に関して以下の関係式が得られる。

$$\langle X_i \alpha_j \rangle = \int X_i \alpha_j d\alpha_1 d\alpha_2 \cdots d\alpha_n$$
$$= \int k_B \frac{\partial P}{\partial \alpha_i} \alpha_j d\alpha_1 d\alpha_2 \cdots d\alpha_n \qquad (2.59)$$

右辺を部分積分して

$$\langle X_i \alpha_j \rangle = k_B P \alpha_j |_{-\infty}^{\infty} - \int k_B \frac{\partial \alpha_j}{\partial \alpha_i} P d\alpha_1 d\alpha_2 \cdots d\alpha_n \qquad (2.60)$$

右辺の第1項が0となるので，X_i と α_j の相関関係は以下のようになる。

$$\langle X_i \alpha_j \rangle = \left\langle -\sum_k g_{ik} \alpha_k \alpha_j \right\rangle = -k_B \delta_{ij} \qquad (2.61)$$

式 (2.61) より以下の式を得る。

$$\left\langle \sum_k g_{ik} \alpha_k \alpha_j \right\rangle = k_B \delta_{ij} \qquad (2.62)$$

ここで δ_{ij} は Kronecker の δ である。

$$\delta_{ij} = \begin{cases} 1 & (i = j) \\ 0 & (i \neq j) \end{cases} \qquad (2.63)$$

式 (2.62) の両辺に $G = (g_{ij})$ の逆行列 G^{-1} を掛けると，以下の関係式が得られる。

$$\langle \alpha_i \alpha_j \rangle = -k_B (g^{-1})_{ij} \qquad (2.64)$$

$(g^{-1})_{ij}$ は逆行列 G^{-1} の ij 成分である。

相反定理を証明するため，まず以下の関係が得られれば相反定理が成り立つことを示す。

$$\left\langle \alpha_i \frac{d\alpha_k}{dt} \right\rangle = \left\langle \alpha_k \frac{d\alpha_i}{dt} \right\rangle \qquad (2.65)$$

式 (2.50) を式 (2.65) の左辺および右辺にそれぞれ代入し，式 (2.61) の関係を利用することにより以下の式を得る。

$$\left\langle \alpha_i \frac{d\alpha_k}{dt} \right\rangle = \sum_j L_{kj} \langle \alpha_i X_j \rangle = -k_B \sum_j L_{kj} \delta_{ij} = -k_B L_{ki} \qquad (2.66)$$

同様に
$$\left\langle \alpha_k \frac{d\alpha_i}{dt} \right\rangle = \sum_j L_{ij} \langle \alpha_k X_j \rangle = -k_B \sum_j L_{ij} \delta_{kj} = -k_B L_{ik} \qquad (2.67)$$

上の二つの式を比較すると，式(2.65)が真ならば，ただちに相反定理が得られることがわかる．

つぎに詳細釣合い原理を用いて式(2.65)を示す．状態Aと状態Bの遷移に関して，AからBへの遷移と，BからAへの遷移が直接的に釣り合っているとき，詳細釣合い原理を満たしている．詳細釣合い原理を用いて変数α_iとα_kの相関を考える．詳細釣合い原理によれば，α_iが時間tに$\alpha_i(t)$の値をとり，時間$t+\tau$にα_kが$\alpha_k(t+\tau)$となる頻度は，時間を逆転した遷移に等しい．

$$\langle \alpha_i(t)\alpha_k(t+\tau) \rangle = \langle \alpha_k(t)\alpha_i(t+\tau) \rangle \qquad (2.68)$$

τが短い時間だとして以下の近似式が得られる．

$$\frac{d\alpha_i}{dt} = \frac{\alpha_i(t+\tau) - \alpha_i(t)}{\tau} \qquad (2.69)$$

式(2.69)を用いて式(2.65)の両辺の値を計算する．

$$\left\langle \alpha_i \frac{d\alpha_k}{dt} \right\rangle = \left\langle \alpha_i(t) \left(\frac{\alpha_k(t+\tau) - \alpha_k(t)}{\tau} \right) \right\rangle$$
$$= \frac{1}{\tau} \langle \alpha_i(t)\alpha_k(t+\tau) - \alpha_i(t)\alpha_k(t) \rangle \qquad (2.70)$$

$$\left\langle \alpha_k \frac{d\alpha_i}{dt} \right\rangle = \left\langle \alpha_k(t) \left(\frac{\alpha_i(t+\tau) - \alpha_i(t)}{\tau} \right) \right\rangle$$
$$= \frac{1}{\tau} \langle \alpha_k(t)\alpha_i(t+\tau) - \alpha_k(t)\alpha_i(t) \rangle \qquad (2.71)$$

詳細釣合い原理(2.68)を用いることにより，式(2.70)と式(2.71)の値が等しくなって相反定理が成り立つことが証明された．

2.3　拡散方程式の導出

N元系における物質拡散を考える．物質の拡散流に対する熱力学的力は，以下の式で与えられることはすでに示したとおりである．

$$\vec{X}_i = -\nabla \frac{\mu_i}{T} \tag{2.72}$$

Gibbs-Duhem の関係式 (1.19) を用いて，以下の式を得る。

$$\sum_{i=1}^{N} N_i \vec{X}_i = 0 \tag{2.73}$$

成分 N (成分 N を溶媒 (solvent) 元素にすると，以下の取扱いが便利である) を上記の Gibbs-Duhem の関係式を用いることにより消去できる。

$$\vec{X}_N = -\sum_{i=1}^{N-1} \frac{N_i \vec{X}_i}{N_N} \tag{2.74}$$

成分 N を基準とした熱力学的力を以下のように定義する。

$$\vec{X}'_i = \vec{X}_i - \frac{\bar{V}_i}{\bar{V}_N} \vec{X}_N \qquad (i = 1, \cdots, N-1) \tag{2.75}$$

ここで $\bar{V}_k$ ($k = 1, 2, \cdots, N$) は成分 k の部分モル濃度である。このようにして拡散流に関する方程式は以下のように書き表すことができる。

$$\vec{J}_i = \sum_{j=1}^{N} L_{ij} \vec{X}'_j \qquad (i = 1, \cdots, N-1) \tag{2.76}$$

ここで一般化された Fick の法則を得るため，化学ポテンシャルの勾配を成分の勾配に変換する必要がある。以下温度は一定とする。化学ポテンシャルは成分の関数として以下のように書くことができる。

$$\mu_i = \mu_i(c_1, c_2, \cdots, c_N) \tag{2.77}$$

このことから

$$\nabla \left(\mu_i - \frac{\bar{V}_i}{\bar{V}_N} \mu_N \right) = \sum_{j=1}^{N-1} \nabla c_j \cdot \mu_{ij} \tag{2.78}$$

ここで

$$\mu_{ij} = \frac{\partial \left[\mu_i - \left(\frac{\bar{V}_i}{\bar{V}_N} \right) \mu_N \right]}{\partial c_j} \tag{2.79}$$

式 (2.79) を式 (2.75) に代入することにより，式 (2.76) より一般化された Fick の第 1 法則を得る。

$$\vec{J}_i = -\sum_{i=1}^{N-1} D_{ij}\, \nabla c_j \tag{2.80}$$

ここで，溶媒N中における元素jの濃度勾配による元素iの拡散係数D_{ij}を以下のように定義する．

$$D_{ij} = -\sum_{k=1}^{N-1} \frac{L_{ik}}{T} \mu_{kj} \tag{2.81}$$

式(2.80)を以下の質量保存の式

$$\frac{\partial c_i}{\partial t} = -\nabla \cdot \vec{J}_i \tag{2.82}$$

に代入することにより，線形熱力学から拡散方程式を導出することができた．

$$\frac{\partial c_i}{\partial t} = \sum_{j=1}^{N-1} \nabla \cdot (D_{ij}\, \nabla c_j) \tag{2.83}$$

拡散係数が一定の場合には，上記の式は以下のように書くことができる．

$$\frac{\partial c_i}{\partial t} = \sum_{j=1}^{N-1} D_{ij} \nabla^2 c_j \tag{2.84}$$

章 末 問 題

(1) 2種の金属A, Bを1, 2で連結して一つの回路をつくる．1を$T + \Delta T$, 2をT $(\Delta T > 0)$ に保つと回路に電流が流れる．この回路を連結点以外の任意の点で切断し，回路に電流が流れないようにすると，切った点の両端に電位差ϕを生ずる．

このとき以下の関係が成り立つことを示せ．

$$\left(\frac{\Delta \phi}{\Delta T}\right)_{I=0} = -\frac{\Pi_{AB}}{T}$$

ここでΠ_{AB}は一つの連結点において単位電流がAからB方向に流れるとき生ずる熱量を表す．

$$\Pi_{AB} = \frac{J_q}{I_e}$$

[**ヒント**] 電気伝導における熱力学的力は$\Delta\phi/T = E/T$で表せる．

引用・参考文献

1) L. Onsager: Phys. Rev., **15**, p.405 (1931)

2) L. Onsager: Phys. Rev., **15**, p.2265 (1931)

3) S.R. de Groot and P. Mazur: "Non-Equilibrium Thermodynamics", Dover (1984)

4) D. Kondepudi and I. Prigogine: "Modern Thermodynamics - From Heat Engines to Dissipative Structures", John Wiley & Sons (1998)

5) P. Glansdorf and I. Prigogine: "Thermodynamic Theory of Structure, Stability and Fluctuations", John Wiley & Sons (1971)

6) 北原和夫:"非平衡系の統計力学", 岩波書店 (1997)

3 組織形成の動力学と拡散

　A-B 2元合金において，十分高温で単相状態にあるα'固溶体を2相共存域に焼き入れたとき起こる組織形成と，その時間発展を考える。このα'固溶体は，B原子主体のβ相とα'相と同じ結晶構造を持ち，β相と平衡するα相に相分離するとしよう。

　相分離の熱力学の項では，2相共存域におけるα'過飽和固溶体の仮想的な自由エネルギー・組成曲線を解析することにより，α'相の濃度に応じて二つの相分離機構，すなわち核形成・成長またはスピノーダル分解が働くことを説明した。本章では動力学的な立場から相分離による組織形成の本質を探ってみたい。

　まず最初に，古典的核形成理論 (classical nucleation theory) に基づく動力学モデルによる核形成と，固溶体中の拡散に律速される安定核の成長について，基本事項を説明する。

　つぎに，固溶体における濃度の空間的な不均一性を考慮した連続体モデル (continuum model) を用いて核形成の問題を再検討し，さらにスピノーダル分解の動力学モデルを導出する。さらに古典的核形成理論を発展させたクラスタダイナミックスモデル (cluster dynamics model) についてその概要を紹介する。

3.1　古典的核形成理論とその発展

　今日よく知られている古典的核形成理論は，1930年前後に Volmer と Weber[1]†により提案された過飽和 (supersaturated) 蒸気からの液滴 (droplet) 形成の静的なモデルを，Becker と Döring[2]が動力学モデルにまで発展させたものであ

---

†　肩付数字は，章末の引用・参考文献の番号を表す。

る。ゆらぎにより形成された準安定クラスタのうち偶然に臨界サイズ (critical size) を超えたものが連続的に成長するというのが，古典的核形成理論の基本的な考え方である。ここで問題となるのは安定核形成のメカニズムとその安定核の成長の動力学である。

3.1.1 液滴モデル

A-B 2元合金を考える。過飽和固溶体 α' から B 原子主体の β 相が析出する場合の核形成について考える。液滴モデルではこの系を相互作用しない液滴の"ガス"から構成されていると考えている。

平衡状態では，l 個の原子を含むクラスタの数 n_l は Boltzmann 因子により以下の式で与えられる。

$$n_l = N \exp\left(-\frac{\epsilon(l)}{k_B T}\right) \tag{3.1}$$

ここで N は全原子数である。$\epsilon(l)$ は l 個の原子を含むクラスタを形成するのに必要な自由エネルギーである。

古典的核形成理論では，クラスタ形成に伴う自由エネルギー変化には以下のように項が寄与するとしている (ここでは説明を簡略化するためひずみエネルギーの影響は考えない)。

(1) β 相が形成可能な温度において，l 個の原子を含むクラスタ形成に伴う自由エネルギーの減少は $\delta\mu l$ である。ここで $\delta\mu$ は原子1個当りの母相と析出相の自由エネルギーの差である。

(2) α/β 界面の形成による自由エネルギーの増加は $\sigma l^{2/3}$ である。ここで，σ は界面エネルギーに比例する定数である。以上のことから以下の式が得られる。

$$\epsilon(l) = -\delta\mu l + \sigma l^{2/3} \tag{3.2}$$

図 **3.1** に示すように，$\delta\mu < 0$ (安定平衡) では $\epsilon(l)$ は l が増加すると単調に増加するので，n_l の値は l の増加とともに急激に減少する。一方 $\delta\mu > 0$ (準安定平衡) では，式 (3.2) の右辺のバルクエネルギー項 (第1項) と界面エネルギー項

(第2項)が競合するため事情は異なってくる．l が小さいときは界面エネルギー (interfacial energy) 項が支配的であり，l が大きくなるとバルクエネルギー項の寄与が大きくなる．液滴の大きさが臨界サイズ l_c ($l_c = (2\sigma/3\delta\mu)^3$) より大きくなったとき，安定に成長する．

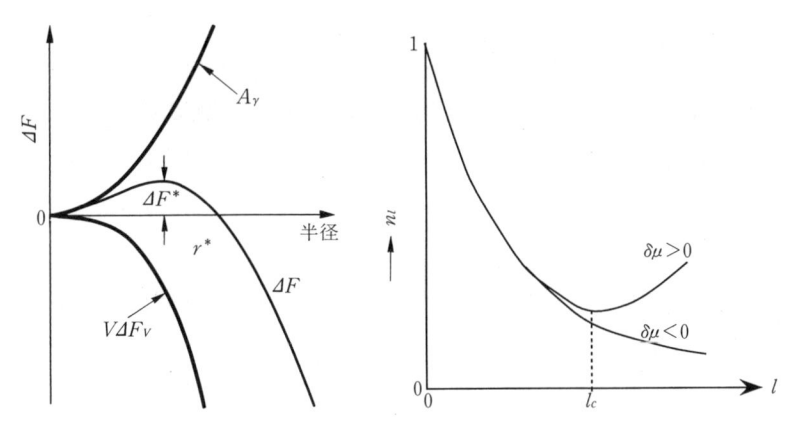

図 3.1 クラスタ形成に伴う自由エネルギーの変化

図 3.2 液滴モデルによるクラスタサイズ分布

自由エネルギー $F(\delta\mu)$ は，以下の式で記述できる．

$$F(\delta\mu) = \frac{1}{N}\sum_{l=1}^{\infty} n_l(\delta\mu) = \sum_{l=1}^{\infty} \exp\left(-\frac{-\delta\mu l + \sigma l^{2/3}}{k_B T}\right) \quad (3.3)$$

準安定平衡状態 ($\delta\mu > 0$) では，自由エネルギーが有限の値を示すためには式 (3.3) の和を有限な値 (例えば l_c) でカットオフする必要がある．自由エネルギー $F(\delta\mu)$ は以下の式で記述できる．

$$\bar{F}(\delta\mu) = \frac{1}{N}\sum_{l=1}^{l_c} n_l(\delta\mu) \quad (3.4)$$

式 (3.3) の和のカットオフされた部分の液滴のエネルギーが，$\bar{F}(\delta\mu)$ の特異性を与える (**図 3.2** 参照)．l_c 近傍のカットオフサイズの変化による自由エネルギー汎関数 $F(\delta\mu)$ の変化は，小さくする必要がある．

自由エネルギー汎関数 $F(\delta\mu)$ を複素平面で $\delta\mu < 0$ から $\delta\mu > 0$ まで解析接続

することにより，$F(\delta\mu)$の特異性がわかる．以下のような変数変換を行い，式 (3.3) を書き換える．

$$h = -\delta\mu, \quad l = -\frac{\sigma^3 t^3}{h^3} \tag{3.5}$$

$$F(h) = \frac{3\sigma^3}{h^3} \int_0^\infty t^2 \exp\left(-\frac{\sigma^3}{k_B T h^2}(t^3 + t^2)\right) dt \tag{3.6}$$

この積分は鞍部点 (saddle point) 法 (method of steepest descents) により評価できる．$\mathrm{Re}(t^3+t^2)$ の形状および等高線を図 **3.3** および図 **3.4** に示す．式 (3.6) の積分経路は図 **3.4** 中の C_1 で示される．$F(h)$ は二つの鞍部点 $t=0$, $t=-2/3$ を持つ．この解析接続により，$F(h)$ は $h=0$ に特異点を持つ複素自由エネルギーとなる．

h 平面の正の実数 $h = h_1$ から原点の周りを時計回りに動かせたときは，式 (3.6) はどのような変化を示すだろうか．t が大きいとき，$-t^3/h^2$ により決まる

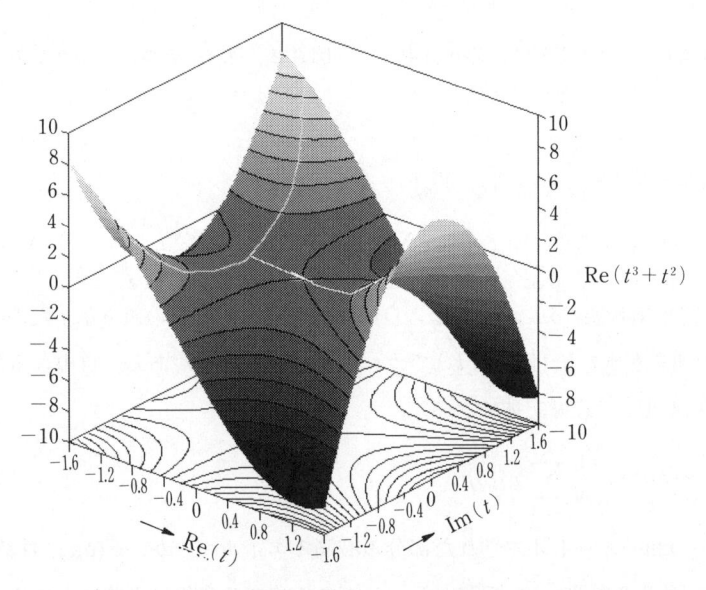

図 **3.3** $\mathrm{Re}(t^3+t^2)$ の形状 ($t=0$ および $t=-2/3$ に鞍部点がある)

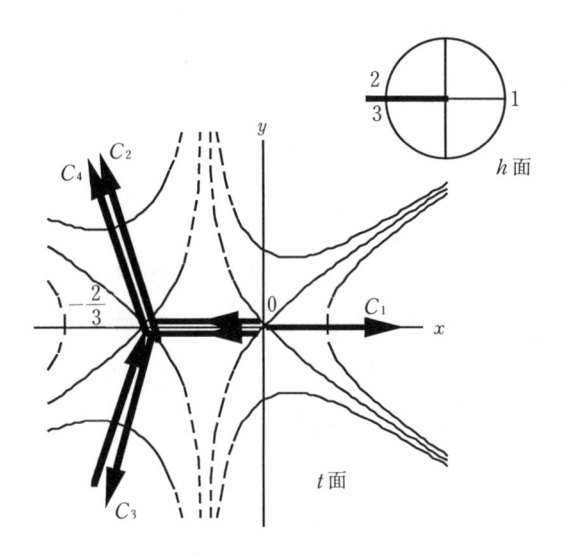

3.1 古典的核形成理論とその発展

図 3.4 $\mathrm{Re}(t^3+t^2)$ の等高線(h 面の 3 点はそれぞれ積分経路 C_1, C_2 および C_3 に対応する h の値を示す)

三つの谷と三つの山は，t 平面で時計回りに動く．谷が動いたとき，経路上にもとの谷底を保つようにして積分経路 C_1 を回転することにより，$F(h)$ の解析接続が求められる．$h_2 = h_1 e^{i\pi}$ まで動くと積分因子はもとの形に戻るが，$F(h_2)$ は積分経路 C_2 による積分により求める必要がある．C_2 は原点から最急傾斜線に沿って無限大に至る $2\pi/3$ 方向の積分経路である．

同じようにして $F(h_3 = h_1 e^{-i\pi})$ が経路 C_3 に沿っての積分により評価できる．h 軸のマイナス方向に沿っての分岐カットを考えたとき，この分岐カットに沿っての不連続は Cauchy の積分定理を利用して，以下の式で評価できる．

$$F(h_2) - F(h_3) = -\frac{3\sigma^3}{|h|^3} \int_{C_4} t^2 \exp\left(-\frac{\sigma^3}{k_B T h^2}(t^3+t^2)\right) dt \quad (3.7)$$

ここで積分経路 C_4 は $C_4 = C_2 - C_3$ となる．h が小さいとき鞍部点 $t = -2/3$ に対して鞍部点法を適用し，上記の積分を評価する．

$$F(h_2) - F(h_3) \approx -\frac{i4\sigma^{3/2}\pi^{1/2}(k_B T)^{1/2}}{3h^2} \exp\left(-\frac{4\sigma^3}{27 k_B T h^2}\right) \quad (3.8)$$

式 (3.4) を考慮して複素自由エネルギー $F(h)$ を以下のように記述する．

$$F(|\delta\mu|\pm i0) = \bar{F}(\delta\mu) \pm i\Delta(\delta\mu) \tag{3.9}$$

式 (3.9) の右辺の第 1 項 $\bar{F}$ は t 平面において 0 から $-2/3$ までの積分の F への寄与を示し，準安定状態の自由エネルギーを表す．第 2 項 $\pm i\Delta(\delta\mu)$ は，積分経路 C_2 または C_3 の寄与を示す．$\delta\mu$ が小さいときには $i\Delta$ はほとんど虚数であり，式 (3.8) の積分の半分に相当する．

以上の議論から液滴モデルにおいては，準安定状態での自由エネルギー $\bar{F}(\delta\mu)$ は，汎関数 $F(\delta\mu)$ の $\delta\mu$ が負から正への解析接続の実部のみとなることが示された．虚自由エネルギーが特異点を示す．後で少し説明するが，Langer[3)] によれば，虚自由エネルギーは核形成頻度に比例することが知られている．

3.1.2 Becker-Döring モデル

液滴モデルにおいては核形成を以下のように考える．クラスタ形成エネルギー (サイズ l のクラスタを形成するのに要する仕事) $\epsilon(l)$ が最大値を示すサイズ l_c について考えてみよう．

l_c より大きなクラスタサイズにおいては，クラスタが成長することにより $\epsilon(l)$ が減少するため，安定な核成長が起こる．逆に l_c では生成されたクラスタはマトリックス[†]に再溶解する．そのため $\epsilon(l_c)$ は，熱活性化過程において新しい相の核を生成するための活性化エネルギーに相当するエネルギー障壁と考えることができる．以上のことから，核形成頻度 J は $\exp(-\epsilon(l_c)/k_B T)$ に比例すると考える．

〔1〕 **Fokker-Planck 方程式の導出** もっと詳細な解析を行ったのが Becker と Döring[2)] である．彼らは，ゆらぎにより形成された準安定なクラスタが偶然に一定の大きさに達したときそのまま成長していく，という考えに基づき，クラスタ形成過程を以下のように定式化した．

Becker-Döring (BD) 理論の出発点は，時間 t におけるサイズ l のクラスタの

[†] 一般には連続している相をマトリックス (相)，小領域ごとに分断されて存在する相を分散相という．ここではマトリックス (matrix) は過飽和固溶体である．

平均個数 (クラスタ分布関数に相当する) $n(l,t)$ の時間変化を示す式である。BD理論では，$n(l,t)$ の時間発展は，以下のような単原子 (monomer) とクラスタとの吸着 (deposition)・離脱 (evaporation) メカニズムのみに依存すると仮定している。

$$[1] \underset{b(2)}{\overset{a(1)}{\rightleftarrows}} [2] \underset{b(3)}{\overset{a(2)}{\rightleftarrows}} [3] \cdots [l-1] \underset{b(l)}{\overset{a(l-1)}{\rightleftarrows}} [l] \underset{b(l+1)}{\overset{a(l)}{\rightleftarrows}} [l+1] \cdots \qquad (3.10)$$

クラスタどうしの合体による成長は考慮しない。$l-1$ からサイズ l への単位体積当りのクラスタの成長速度を $J(l)$ とする。$J(l)$ は以下の式で記述できる。

$$J(l) = a(l-1)n(l-1,t) - b(l)n(l,t) \qquad (3.11)$$

ここで $a(l-1)$ は単原子がサイズ $l-1$ のクラスタに吸着する速度係数を示し，$b(l)$ はサイズ l のクラスタから単原子が離脱する速度係数を示す。l からサイズ $l+1$ へのクラスタの成長による個数の減少も考慮すれば，$n(l,t)$ の変化は以下のようになる。

$$\frac{n(l, t+\Delta t) - n(l,t)}{\Delta t} = J(l) - J(l+1) \qquad (3.12)$$

熱平衡状態では下記の詳細釣合い原理が成り立つとして，式 (3.11) の係数 $a(l-1)$ と $b(l)$ との関係を求める。熱平衡状態では吸着速度と離脱速度が同じになるとして，この詳細釣合い原理が導かれる。

$$a(l-1)n_0(l-1) = b(l)n_0(l) \qquad (3.13)$$

平衡状態でのクラスタ分布関数 $n_0(l)$ は，ドロップレットモデルにより以下の式で記述できる。

$$n_0(l) = n(1)\exp\left(-\frac{\epsilon(l)}{k_B T}\right) \qquad (3.14)$$

ここで $\epsilon(l)$ はサイズ l のクラスタを形成するのに要する仕事 (クラスタ形成エネルギー) を表す。古典論では，$\epsilon(l)$ はクラスタ形成に伴う駆動力の変化を示すバルク項 (bulk term) と，界面エネルギー項 (interfacial energy term) の和で記述できるとしている。

$$\epsilon(l) = \alpha_0 l^{2/3} - \beta_0 l \qquad (3.15)$$

ここで α_0 は界面エネルギーに比例する定数であり，β_0 はマトリックスと析出相の化学的自由エネルギーの差を表す定数である．物質の流れ $J(l)$ は式 (3.11) と式 (3.13) により以下のように記述できる．

$$J(l) = a(l-1)n_0(l-1)\left(\frac{n(l-1,t)}{n_0(l-1)} - \frac{n(l,t)}{n_0(l)}\right)$$

$$= -a(l-1)n_0(l-1)\frac{\partial}{\partial t}\left(\frac{n(l-1,t)}{n_0(l-1)}\right) \qquad (3.16)$$

式 (3.16) を式 (3.12) に代入し，さらに $\Delta t \to 0$ とすれば

$$\frac{\partial n(l,t)}{\partial t} = \frac{\partial}{\partial l}\left[a(l)n_0(l)\frac{\partial}{\partial l}\left(\frac{n(l,t)}{n_0(l)}\right)\right] \qquad (3.17)$$

これがクラスタ形成の動力学を記述する Fokker-Planck 方程式 (Fokker-Planck equation) である．

サイズ l が小さいクラスタの初期分布 $n(l,0)$ は平衡分布 $n_0(l)$ に非常に近く，系の過冷度に依存しないと仮定できる．この条件が成り立つとき，$t > 0$ において一定の緩和時間経過後 $n(l,t)$ は時間に依存しない定常分布 $n_s(l)$ に漸近すると考えられる．このとき定常分布関数 $n_s(l)$ は以下の式を満足する．

$$a(l)n_0(l)\frac{\partial}{\partial l}\left(\frac{n_s(l)}{n_0(l)}\right) = -J_s = \text{const.} \qquad (3.18)$$

ここで J_s は定常核形成頻度 (steady state nucleation rate) を表す．

〔2〕 **定常核形成頻度** つぎに Fokker-Planck 方程式の定性的な性質を利用して，定常解の存在を示す．つぎのような変数変換を行い

$$u(l,t) = \frac{n(l,t) - n_s(l)}{n_0(l)} \qquad (3.19)$$

Fokker-Planck 方程式を以下のように書き換える．

$$n_0(l)\frac{\partial u}{\partial t} = \frac{\partial}{\partial l}\left(a(l)n_0(l)\frac{\partial u}{\partial l}\right) \qquad (3.20)$$

ここで $n_s(l)$ は時間に依存しないサイズ分布関数とする．式 (3.20) の境界条件を以下に示す．

$$u(l,t) = 0 \qquad (l \to 0, \infty) \qquad (3.21)$$

$u(l,t) \equiv 0$ でなければ，上記の境界条件を満足する $u(l,t)$ は必ず正の極大値と負の極小値を持つ．

$\partial u/\partial l = 0$ における解の性質を考える．$l = l_1$ のとき

$$\frac{\partial u}{\partial l} = 0, \quad \frac{\partial^2 u}{\partial l^2} < 0 \tag{3.22}$$

とし，極大値を与えるクラスタサイズにおける u の値の時間変化を考える．このとき $F(t,l,\partial u/\partial l, \partial^2 u/\partial l^2, u)$ を

$$F\left(t,l,\frac{\partial u}{\partial l},\frac{\partial^2 u}{\partial l^2},u\right) \equiv \frac{\partial}{\partial l}\left(a(l)n_0(l)\frac{\partial u}{\partial l}\right) \tag{3.23}$$

と定義すれば

$$F(t,l_1,0,0,u) = 0 \tag{3.24}$$

ここで以下に示す合成関数についての平均値の定理(北田[4])を用いる．平均値の定理によれば，閉区間 $[a,b]$ で連続で，その内部 (a,b) で微分可能な関数 $f(x)$ に関して，$a < \xi < b$ なる点 ξ があって $(f(a) - f(b))/(b-a) = f'(\xi)$ が成り立つ．合成関数 $f(u(x))$ を考える．2点 x, y において $u(x) \neq u(y)$ ならば，$u(x)$ と $u(y)$ の間のなんらかの点 ξ によって，$f(u(x)) - f(u(y)) = f'(\xi)(u(x) - u(y))$ と書ける．

合成関数に関する平均値の定理により，$0 > \zeta > (\partial^2 u/\partial l^2)$ に対して以下の式が得られる．

$$\begin{aligned} n_0\left(\frac{du}{dt}\right) &= F\left(t,l_1,\frac{\partial u}{\partial l},\frac{\partial^2 u}{\partial l^2},u\right) - F(t,l_1,0,0,u) \\ &= \left(\frac{\partial^2 u}{\partial l^2}\right)\frac{\partial F(t,l_1,0,\zeta,u)}{\partial\left(\frac{\partial^2 u}{\partial l^2}\right)} < 0 \end{aligned} \tag{3.25}$$

極大値は時間とともに減少する．また負の値を示す極小値は時間とともに増加することを同様な方法により示すことが可能である．極大値，極小値を与えるクラスタサイズにおいて，u の絶対値が減少することから，u は長時間においては 0 に漸近するがわかる．

以上の議論により定常解の存在を示すことができた．つぎに具体的な定常解

を示す．BeckerとDöringはつぎのような境界条件を選定し，時間に依存しない定常解を求めた．

$$\frac{n_s(l)}{n_0(l)} \to 0 \qquad (l \to \infty) \tag{3.26}$$

$$\frac{n_s(l)}{n_0(l)} \to 1 \qquad (l \to 0) \tag{3.27}$$

上記の境界条件での式 (3.17) の定常解は

$$J_s = \frac{1}{\displaystyle\int_0^\infty \frac{dl}{a(l)n_0(l)}} \tag{3.28}$$

式 (3.28) の積分範囲には，$\epsilon(l)$ の最大値を与えるクラスタサイズ $l = l_c$ が含まれる．この積分は鞍部点法により評価できる．被積分関数 $n_0(l)^{-1}$ は l_c 付近に鋭いピークを持つ．以下に示すように，被積分関数を l_c の周りで展開することにより，積分 (3.28) を評価することができる．

$$\epsilon(l) = \epsilon(l_c) + \frac{(l-l_c)^2}{2}\left.\frac{\partial^2 \epsilon(l)}{\partial l^2}\right|_{l=l_c} \tag{3.29}$$

このようにして定常核形成頻度 J_s を求めると，以下のようになる．

$$J_s = a(l_c)\left(\frac{-\left.\dfrac{\partial^2 \epsilon(l)}{\partial l^2}\right|_{l=l_c}}{2\pi k_B T}\right)^{1/2} n_0(l_c) = J_0 \exp\left(-\frac{\epsilon(l_c)}{k_B T}\right) \tag{3.30}$$

これが Becker-Döring 理論により示される重要な結果である．この式の意味するところは，核形成は熱活性化過程であり，その定常核形成頻度は臨界核形成のための仕事に相当し，$\epsilon(l_c)$ を Bolzmann 因子として含む項に比例するということである．すなわち，準安定状態から高さ $\epsilon(l_c)$ のエネルギー障害の山を越えて新しい安定状態に至るのが核形成である．この式は，Langer による第一原理核形成理論[5]でも正しいことが確認されている．

J_0 は核形成頻度因子と呼ばれている．ここで注意すべきことは定常核形成頻度が指数項に強く依存していることである．式 (3.30) の右辺の $[(-\partial^2 \epsilon(l)/\partial l^2)|_{l=l_c}/2\pi k_B T]^{1/2}$ は Zeldvich 因子 Z として知られている．式 (3.28) の積分において主

たる寄与は，積分範囲 $|l - l_c| < \xi$ のものであることに注目しよう．ここで ξ は相関距離 (correlation length) であり，以下の式で表すことができる．

$$\xi \approx \left(\frac{1}{2\pi k_B T} \left. -\frac{\partial^2 \epsilon(l)}{\partial l^2} \right|_{l=l_c} \right)^{-1/2} \tag{3.31}$$

このことから定常核形成頻度 J_s は，臨界サイズに到達するクラスタ数と，臨界サイズを超えて成長する確率の積に比例することがわかる．Zeldvich 因子は，臨界サイズ l_c に到達したクラスタの一部のみが実際には成長することを表すパラメータである．

〔3〕 **核形成頻度の時間依存性**　つぎに核形成頻度の時間依存性について検討する．Fokker-Planck 方程式 (3.17) を書き換えるとつぎのようになる．

$$\begin{aligned}
\frac{\partial n(l,t)}{\partial t} &= \frac{\partial}{\partial l}\left(a(l)\frac{\partial n(l,t)}{\partial l}\right) - \frac{\partial}{\partial l}\left(\frac{n(l,t)}{n_0(l)}\frac{\partial n_0(l)}{\partial l}\right) \\
&= \frac{\partial}{\partial l}\left(a(l)\frac{\partial n(l,t)}{\partial l}\right) - \frac{\partial}{\partial l}\left(n(l,t)\frac{\partial \ln n_0(l)}{\partial l}\right) \\
&= \frac{\partial}{\partial l}\left(a(l)\frac{\partial n(l,t)}{\partial l}\right) + \frac{\partial}{\partial l}\left(\frac{n(l,t)}{k_B T}\frac{\partial \epsilon(l)}{\partial l}\right)
\end{aligned} \tag{3.32}$$

式 (3.32) において $a(l)$ を一定とし，右辺の第 2 項 (ドリフト項) を無視すれば定数係数の拡散方程式となる．

$$\frac{\partial n(l,t)}{\partial t} = a(l)\frac{\partial^2 n(l,t)}{\partial l^2} \tag{3.33}$$

これを以下の初期値問題として解くと

$$\frac{\partial n(x,t)}{\partial t} = a\frac{\partial^2 n(x,t)}{\partial x^2} \tag{3.34}$$

$$n(x,0) = \delta(x) \tag{3.35}$$

ここで $x = l - 1$ はクラスタサイズを実数化した変数，a は定数，$\delta(x)$ は Dirac の δ 関数 (δ function) である†．この初期値問題の解は

$$n(x,t) = \frac{1}{2\sqrt{\pi a t}} \exp\left(-\frac{x^2}{4at}\right) \tag{3.36}$$

---

† δ 関数の定義は以下のとおりである．
$\int_{-\infty}^{\infty} \delta(x)dx = 1 \quad (x \neq 0 \text{ のとき } \delta(x) = 0)$

となり，さらに
$$J(t) = -a(l)n(l)\frac{\partial n(x,t)}{\partial x} \tag{3.37}$$
より核形成頻度の時間依存性を求めれば
$$J(t) \propto t^{-3/2}\exp\left(-\frac{x^2}{4at}\right) \tag{3.38}$$
となる。おそらくこのことを利用しているのであろうが，$t^{-3/2}$を無視して$J(t) = J_s\exp(-\tau/t)$とし，τを潜伏時間(incubation time)と称している本や解説があるが，実験式としてはともかく理論式としては理解しにくいものである。

正しくは$J(t) = J_s(1-\exp(-t/\tau))$であるべきことを，ここではStaufferら[6),7)]の方法を参考にして，ドリフト項も含めたFokker-Planck方程式を解くことにより示す。定常解の存在を示したときと同じように，以下のような変数変換
$$u(l,t) = \frac{n(l,t)-n_s(l)}{n_0(l)} \tag{3.39}$$
を行うことにより，方程式(3.17)を以下のように変形する。
$$n_0(l)\frac{\partial u}{\partial t} = \frac{\partial}{\partial l}\left(a(l)n_0(l)\frac{\partial u}{\partial l}\right) \tag{3.40}$$
式(3.40)の解は時間tに依存する項とクラスタサイズlに依存する項の積で表されるとし，変数分離法により解を求めると，その解は以下のように記述できる。
$$u(l,t) = \sum_{k=1}^{\infty} c_k\exp(-\lambda_k t)u_k(l) \tag{3.41}$$
クラスタサイズに依存する項は以下のような常微分方程式の解である。ここで演算子Lをつぎのように表す。
$$Lu_k(l) = \frac{d}{dl}\left(a(l)n_0(l)\frac{\partial}{\partial l}u_k(l)\right) + \lambda_k n_0(l)u_k(l) = 0 \tag{3.42}$$
$u_k(l)$とλ_kはそれぞれLiouville演算子Lの固有関数および固有値である。常微分方程式(3.42)はSturm-Liouville方程式[8)]と呼ばれている。式(3.42)の境界条件は
$$u_k(l) = 0 \quad (l \to 0, \infty) \tag{3.43}$$

ここでの問題は，Sturm-Liouville境界値問題の固有値の上界(upper bound)および下界(lower bound)を求めることである。汎関数$I(u)$を以下のように定義する。

$$I(u_k^t) = \frac{\int_0^\infty a(l)n_0(l)\left(\frac{du_k^t(l)}{dl}\right)^2 dl}{\int_0^\infty n_0(l)u_k^t(l)^2 dl} \tag{3.44}$$

Rayleigh-Ritzの変分法(Rayleigh-Ritz variational method)(付録E 参照)より，境界条件を満足し式(3.42)の解となる任意の試行関数$u_k^t(l)$に対して，以下の不等式が成り立つことが知られている。

$$\lambda_k \leqq I(u_k^t) \tag{3.45}$$

解の主要部である最小固有値λ_1を求めるため，境界条件を満足する以下のような試行関数u_k^tを考える。

$$u_1^t = \frac{\sin\left[\frac{\pi}{2}\left(1 - 2J_s \int_{l_c}^l \frac{dl}{a(l)n_0(l)}\right)\right]}{n_0(l)} \tag{3.46}$$

式(3.44)中の分母の積分は以下のように表せる。

$$\int_0^\infty \frac{\sin^2 \frac{\pi}{2}\left(1 - 2J_s \int_{l_c}^l \frac{dl}{a(l)n_0(l)}\right)}{n_0(l)} dl$$

分子の積分は部分積分により

$$-\int_0^\infty \frac{d}{dl}\left(a(l)n_0(l)\frac{du_1^t}{dl}\right) u_1^t(l) dl$$

と書き換えられる。ここで$-d[a(l)n_0(l)(du_1^t/dl)]/dl \cdot u_1^t(l)$を計算すると

$$\left[\frac{J_s^2 \pi^2}{a(l)n_0(l)^3} + \frac{a(l)}{n_0}\frac{d^2 \ln(n_0(l))}{dl^2}\right] \sin^2 \frac{\pi}{2}\left(1 - 2J_s \int_{l_c}^l \frac{dl}{a(l)n_0(l)}\right)$$

$$-\frac{\pi J_s}{n_0^2}\frac{d \ln(n_0(l))}{dl} \sin \pi \left(1 - 2J_s \int_{l_c}^l \frac{dl}{a(l)n_0(l)}\right)$$

となる。$n_0(l) = n_0(l_c)\exp(\pi z^2(l-l_c)^2)$を使って鞍部点法により，分母の積分を計算すると$1/(Zn_0(l_c))$が得られ，同様に分子の積分は$J_s^2\pi^2/(a(l_c)Zn_0^3(l_c)$

$\sqrt{3}) + 2\pi a(l_c)Z/n_0(l_c)$ となる。これらの結果と $J_s = a(l_c)n_0(l_c)Z$ を利用すると，$I(u_1^t)$ は以下のように表せる。

$$I(u_1^t) = 4a(l_c)Z^2 \frac{\pi}{2}\left(\frac{\pi}{2\sqrt{3}} + 1\right) \tag{3.47}$$

したがって，最小固有値の上界について以下の関係が得られる。

$$\lambda_1 \leq \overline{\lambda}_1 = I(u_0^t) = 4a(l_c)Z^2 \frac{\pi}{2}\left(\frac{\pi}{2\sqrt{3}} + 1\right) \tag{3.48}$$

付録に示すように，最小固有値の下界は以下の式により決まる。

$$\lambda_1 \geq \min_{-\infty \leq l \leq \infty} \phi(\lambda),$$

$$\phi(\lambda) = -\frac{\frac{\partial}{\partial l}\left(a(l)n(l)\frac{\partial}{\partial l}u'^{t}_1(l)\right)}{n_0(l)u'^{t}_1(l)} \tag{3.49}$$

ここで，u'^{t}_1 は境界条件 (3.43) を満足し，積分範囲 $-\infty < l < \infty$ で符号を変えない任意の試行関数である。$u'^{t}_1 = u_1^t$ として最小固有値に対する下界を求める。

$$\lambda_1 \geq \frac{\pi}{2}4a(l_c)Z^2 \tag{3.50}$$

このようにして $u(l,t)$ の漸近挙動を示すことができた。

$$u(l,t) \approx \exp(-\lambda_1 t)u(l,0),$$
$$\frac{\pi}{2} \leq \frac{\lambda_1}{4a(l_c)Z^2} \leq \frac{\pi}{2}\left(\frac{\pi}{2\sqrt{3}} + 1\right) \tag{3.51}$$

また核形成頻度 $J(t)$ を

$$\begin{aligned}J &= -a(l)n_0(l)\frac{\partial}{\partial l}\left(\frac{n(l,t)}{n_0(l)}\right) = -a(l)n_0(l)\frac{\partial}{\partial l}\left(u + \frac{n(l,t)}{n_0(l)}\right) \\ &= -a(l)n_0(l)\frac{\partial u}{\partial x}\frac{\partial x}{\partial l} + J_s = -2J_s\frac{\partial u}{\partial x} + J_s \\ &= J_s\left(1 - 2\frac{\partial u}{\partial x}\right)\end{aligned} \tag{3.52}$$

により評価すると，核形成頻度の時間依存性として以下の式が得られ，図 **3.5** に示すように定常解に近付く。

$$J(t) = J_s(1 - \exp(-\lambda_1 t)) \tag{3.53}$$

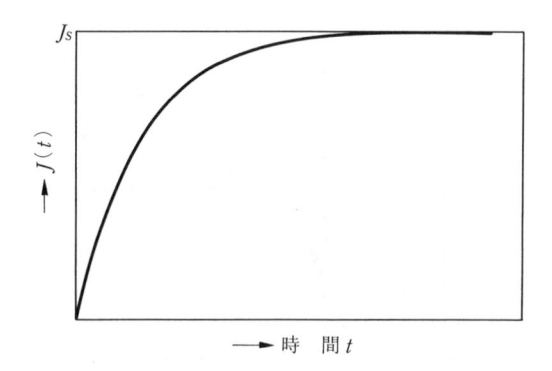

図 3.5 核形成頻度の時間依存性 ($J(t) = J_S(1-\exp(-At))$ で $t \gg 1$ で J_S に漸近する)

3.2 拡散律速成長

α マトリックス中に濃度ゆらぎにより形成された β 相の安定核の成長を考える。β 析出物の成長は溶質原子の拡散に支配される。

まず，最初に A-B 2元合金 の拡散律速成長 (diffusion controlled growth) について検討する。無限の大きさのマトリックス中に孤立した析出物が形成される場合を想定する。析出物 (precipitate) の成長は以下に示す拡散方程式の初期値・境界値問題で取り扱うことができる。

$$\frac{\partial C}{\partial t} = D\nabla^2 C \tag{3.54}$$

$$C(R,t) = C_I \quad (0 < t < \infty), \quad C(\infty,t) = C_M \quad (0 < t < \infty) \tag{3.55}$$

$$C(r,0) = C_M \quad (r > R) \tag{3.56}$$

ここで，D は α マトリックス中における B 原子の拡散係数, $r = R$ は析出物/マトリックス 境界の位置を表す。また C_I は 析出物/マトリックス 境界におけるマトリックス側の B 原子の濃度，C_M は B 原子の平均濃度を示す (**図 3.6** 参照)。また，析出物/マトリックス境界における物質流束の保存は以下のように記述で

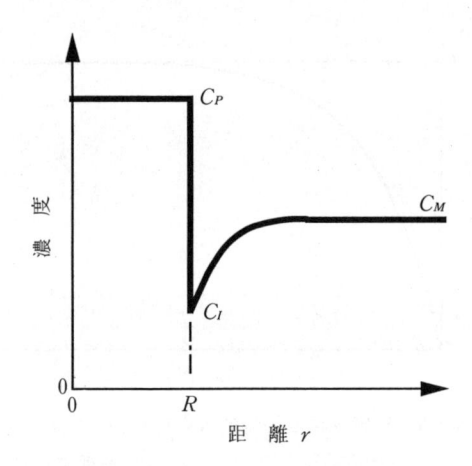

図 3.6 拡散律速成長(平均濃度を C_M，析出物の濃度を C_P，マトリックス/析出物界面での平衡濃度を C_I とする)

きる。
$$(C_P - C_I)\frac{dR}{dt} = D\frac{\partial C}{\partial r}\bigg|_{r=R} \tag{3.57}$$
ここで C_P は析出物中のB原子の濃度で，析出物内部では場所によらず一定の値をとるとする。

球形の析出物については，式(3.54)は以下のようになる。
$$\frac{\partial C}{\partial t} = D\left(\frac{\partial^2 c}{\partial r^2} + \frac{2}{r}\frac{\partial C}{\partial r}\right) \tag{3.58}$$
式(3.58)の解はつぎのような形式で記述できる。
$$C = k_1 + k_2\left(\frac{\sqrt{Dt}}{r}\exp\left(-\frac{r^2}{4Dt}\right) - \frac{\sqrt{\pi}}{2}\mathrm{erfc}\left(\frac{r}{2(Dt)^{1/2}}\right)\right) \tag{3.59}$$
ここで k_1, k_2 は定数である。余誤差関数 $\mathrm{erfc}(x)$ を以下のように定義する。
$$\begin{aligned}\mathrm{erfc}(x) &= \frac{2}{\sqrt{\pi}}\int_x^\infty \exp(-\xi^2)d\xi \\ &= \frac{2}{\sqrt{\pi}}\left(\int_0^\infty \exp(-\xi^2)d\xi - \int_0^x \exp(-\xi^2)d\xi\right)\end{aligned}$$

$$= 1 - \frac{2}{\sqrt{\pi}} \int_0^x \exp(-\xi^2) d\xi = 1 - \mathrm{erf}(x) \tag{3.60}$$

ここで誤差関数 $\mathrm{erf}(x)$ は

$$\mathrm{erf}(x) = \frac{2}{\sqrt{\pi}} \int_0^x \exp(-\xi^2) d\xi \tag{3.61}$$

境界条件 (3.55) を満足する解は以下のように記述できる[9),10)]。

$$C(r,t) = C_M + \frac{2\lambda(C_I - C_M)}{\exp(-\lambda^2) - \lambda\sqrt{\pi}\,\mathrm{erfc}(\lambda)}$$
$$\times \left(\frac{\sqrt{Dt}}{r} \exp\left(-\frac{r^2}{4Dt}\right) - \frac{\sqrt{\pi}}{2} \mathrm{erfc}\left(\frac{r}{2\sqrt{Dt}}\right) \right) \tag{3.62}$$

ここで，析出物/マトリックス界面は以下の式に従い，移動する。

$$R = 2\lambda(Dt)^{1/2} \tag{3.63}$$

析出物サイズは時間の $1/2$ に比例して大きくなることが示された。

λ は以下の超越方程式の解である。

$$\lambda^2 \exp(\lambda^2)(\exp(-\lambda^2) - \lambda\sqrt{\pi}\,\mathrm{erfc}(\lambda)) = -\frac{k}{4} \tag{3.64}$$

上記の k は

$$k = \frac{2(C_M - C_I)}{C_P - C_I} \tag{3.65}$$

実用材料は多元系である。溶質原子間には拡散相互作用があるが，各原子間の相互作用を考慮した以下の拡散方程式が，Onsager の線形熱力学により導出されることはすでに説明したとおりである。

$$\frac{\partial C_i}{\partial t} = \sum_{j=1}^{N-1} D_{ij} \nabla^2 C_j \tag{3.66}$$

なお，ここでは $N\,(N \geq 3)$ 元系を考えている。また，溶媒 N 中における元素 j の濃度勾配による元素 i の拡散係数 D_{ij} は，場所によらず一定としている。

境界条件がすべての溶質原子に対して形式的に同じであれば，溶質原子 $k\,(k = 1, \cdots, N-1)$ と溶媒 N の 2 元系についての未定係数 λ_k を含む拡散方程式

$$\frac{\partial C^k}{\partial t} = \lambda_k \nabla^2 C^k \tag{3.67}$$

の解の線形結合により，多元系の解を求めることができる[11)]。

$$C_j = a_{j0} + \sum_{k=1}^{N-1} a_{jk} C^k \tag{3.68}$$

式(3.68)を式(3.66)に代入することにより，以下の式を得る．

$$\lambda_k a_{ik} = \sum_{j=1}^{N-1} D_{ij} a_{jk} \tag{3.69}$$

これを拡散行列 $D = (D_{ij})$ を用いた表現にすると

$$|D_{ij} - \lambda_k \delta_{kj}|[\hat{a}_k] = 0 \tag{3.70}$$

ここで $[\hat{a}_k]$ は係数行列 $A = (a_{ij})$ の列ベクトルである．式(3.70)は拡散行列 D の特性方程式であり，λ_i $(i = 1, \cdots, N-1)$ は行列 D の固有値である．

なお，2元系拡散方程式(3.67)の解は，例えば以下のような形式で表せる．

$$C^k = K_1 + K_2 \int_\eta^\infty \exp\left(-\frac{\eta'^2}{4\lambda_k}\right) d\eta' \tag{3.71}$$

ここで K_1 と K_2 は定数である．係数行列の各成分 a_{ik} は境界条件により定まる．

3.3 連続体モデル

Becker-Döring理論は，クラスタと単原子間の吸着・離脱といったミクロなプロセスを詳細に取り扱っているにもかかわらず，速度係数 $a(l)$ のような量をパラメータとして導入しており，この点ではあいまいさを残している．また，形成したクラスタ(析出核)の濃度は空間的に均一であり，析出核と母相(マトリックス)の界面はシャープであることを前提にしているが，この前提はつねに正しいとはかぎらない．

ここでは，これらの問題点を克服するため，2章の非平衡熱力学のところで紹介した局所平衡の仮定を導入し，部分系内での熱力学的な諸量，特に局所秩序変数(local order parameter) $\eta(\vec{r})$ の時空間的な分布と自由エネルギー汎関数に注目し，そこから導かれる連続体モデルを用いた解析を行う．なお，クラスタ間の融合・分裂過程を無視していることも問題であるが，この点についてはクラスタダイナミックスの項で検討してみることにする．

3.3.1 不均一系の自由エネルギー

まず最初に不均一系 (inhomogenous system) の自由エネルギー汎関数 F を求める．部分系として，熱力学的な局所平衡の仮定が成り立ち，各部分系の濃度が空間的に連続な場の量とみなすことができるような大きさのセルをとる．

Cahn と Hilliard[12] の取扱いに従い，一つのセルの局所自由エネルギー f を局所的な濃度のみに依存する項 f_0 と，濃度ゆらぎに依存する項の和で表す．濃度勾配が小さいとき，f は濃度と濃度の空間微分の連続関数として，以下の式にTaylor 展開できる．

$$f(c, \nabla c, \nabla^2 c, \cdots) = f_0(c) + \sum_i L_i \left(\frac{\partial c}{\partial x_i}\right)$$
$$+ \sum_{ij} K_{ij}^{(1)} \left(\frac{\partial^2 c}{\partial x_i \partial x_j}\right)$$
$$+ \frac{1}{2} \sum_{ij} K_{ij}^{(2)} \left(\frac{\partial c}{\partial x_i}\right)\left(\frac{\partial c}{\partial x_j}\right) + \cdots \quad (3.72)$$

ここで $x_1 = x$, $x_2 = y$, $x_3 = z$ とする．

$$\begin{aligned}
L_i &= \left[\frac{\partial f}{\partial(\partial c/\partial x_i)}\right]_0, \\
K_{ij}^{(1)} &= \left[\frac{\partial f}{\partial(\partial^2 c/\partial x_i \partial x_j)}\right]_0, \\
K_{ij}^{(2)} &= \left[\frac{\partial^2 f}{\partial(\partial c/\partial x_i)\partial(\partial c/\partial x_j)}\right]_0
\end{aligned} \quad (3.73)$$

ここで添字 0 は局所的な濃度での各展開係数の値を表す．

等方的な立方格子では，結晶の対称性を考慮すると，自由エネルギーは鏡映変換 ($x_i \to -x_i$) や回転 ($x_i \to x_j$) に対して不変であるから，各展開係数は以下のように簡略化される．

$$L_i = 0$$
$$K_{ij}^{(1)} = \begin{cases} K_1 = \left(\dfrac{\partial f}{\partial \nabla^2 c}\right)_0 & (i = j) \\ 0 & (i \neq j) \end{cases}$$

$$K_{ij}^{(2)} = \begin{cases} 2K_2 = \left[\dfrac{\partial^2 f}{(\partial |\nabla c|)^2}\right]_0 & (i = j) \\ 0 & (i \neq j) \end{cases}$$

以上のことから,等方的な立方格子では式(3.72)はつぎのように書き換えられる.

$$f(c, \nabla c, \nabla^2 c, \cdots) = f_0(c) + K_1 \nabla^2 c + K_2 (\nabla c)^2 + \cdots \tag{3.74}$$

各セルの局所自由エネルギーを全空間について積分すると,この系の自由エネルギー汎関数が得られる.

$$F = \int_V [f_0(c) + K_1 \nabla^2 c + K_2 (\nabla c)^2 + \cdots] dV \tag{3.75}$$

ここで N_C はセルの数である.Gauss の定理を使うと $\nabla^2 c$ を含む項の積分を以下のように書き換えることができる.

$$\int_V (K_1 \nabla^2 c) dV = -\int_V \left(\dfrac{dK_1}{dc}\right) (\nabla c)^2 dV + \int_S (K_1)(\nabla c \cdot \vec{n}) dS \tag{3.76}$$

外表面からの寄与は考慮していないので,表面積分の境界を $\nabla c \cdot \vec{n} = 0$ となるようにとることができる.

以上より不均一系の自由エネルギー汎関数は以下のように表すことができる.

$$F = \int_V \left[f_0(c) + \dfrac{1}{2} K (\nabla c)^2 + \cdots\right] dV \tag{3.77}$$

ただし

$$K = -2 \dfrac{dK_1}{dc} + 2K_2$$

である.このように,不均一系の自由エネルギー汎関数は,局所的な濃度のみに依存する項と濃度勾配の2乗に比例する項の和で表せる.

3.3.2 粗視化

前項で不均一系の自由エネルギーについて言及したが,系を部分系に分割して,各部分系について局所平衡仮定が成り立つとしてモデル化を行った.系を部分系に分割する方法を粗視化(coarse graining)という.粗視化により原子レ

ベルの理論とマクロな観察とのギャップを埋めることが可能となる。ここで粗視化方法について検討する。

図 **3.7** に示すように，もとのミクロな格子の代わりにサイズ L のセルを考える。L は格子間隔 a よりは大きいが，秩序変数の変化がスムーズになるように，注目する現象の統計的ゆらぎの大きさよりは小さくする必要がある。α というセルを考える。セル中に含まれる原子の個数を N_α とすると，α の濃度は

$$c_\alpha = \frac{1}{N_\alpha} \sum_{i \in cell\alpha} c_i \tag{3.78}$$

となり，系全体の平均濃度は

$$c_0 = \frac{1}{M} \sum_{\alpha=1}^{M} c_\alpha \tag{3.79}$$

となる。ここで M はセルの個数である。

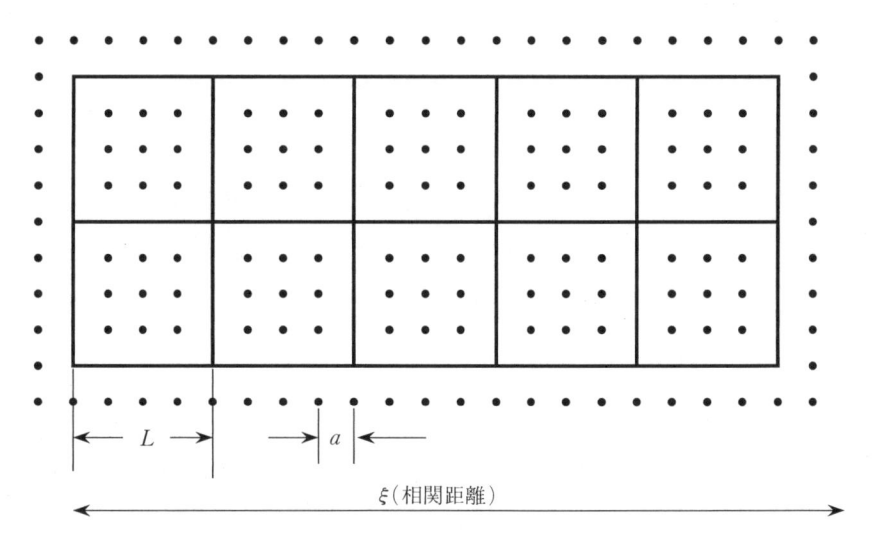

図 **3.7** 粗視化(格子定数 a より大きく，相関距離 ξ より小さなサイズ L のセルを単位とする部分系に分割する)

粗視化した状態での大分配関数[†](grand canonical partition function)Z_{cg}を求める。まず最初に特定のセル濃度$\{c_\alpha\}$を与えるすべての微視状態についての和を求める。つぎに，平均濃度c_0に対応するすべてのセル配置に関して和を求め，Z_{cg}を計算する。

$$Z_{cg} = \sum_{\{c_\alpha\}} W\{c_\alpha\} \exp\left(-\frac{E\{c_\alpha\}}{k_B T}\right)$$

$$= \sum_{\{c_\alpha\}} \exp\left(-\frac{F\{c_\alpha\}}{k_B T}\right) \quad (3.80)$$

ここで同一の$\{c_\alpha\}$を与える状態の数を$W\{c_\alpha\}$とする。また$F\{c_\alpha\}$は以下のように表せる。

$$F\{c_\alpha\} = E\{c_\alpha\} - k_B T \ln W\{c_\alpha\} \quad (3.81)$$

ここで離散点$\vec{r}_\alpha$で決められたセル濃度c_αを結んだなめらかな関数を求め，場の濃度$c(\vec{r})$を求める。このことにより粗視化された状態での不均一系の自由エネルギー汎関数$F_{cg}\{c_\alpha\}$を求めることができる。前項の結果を使えば

$$F_{cg}\{c_\alpha\} = \int \left[f_{cg}\{c_\alpha\} + \frac{K}{2}(\nabla c(\vec{r}))^2\right] dV \quad (3.82)$$

f_{cg}は粗視化された局所自由エネルギーで，以下のGinzburg-Landauの2重井戸型ポテンシャルがよく使われる。

$$f_{cg} = Ac_0^4 + Bc_0^2 \quad (A>0,\ B<0) \quad (3.83)$$

場の濃度$c(\vec{r})$を用いて平均濃度を表すと

$$c_0 = \frac{1}{V}\int c(\vec{r}) dV \quad (3.84)$$

となる。ここでVは系の体積である。さらに自由エネルギーは熱力学的極限$(V\to\infty)$をとれば

[†] 体積Vのある系が温度Tの熱源，粒子A, B, …が化学ポテンシャル$\mu_A, \mu_B, \cdots$を持つ質量源に接しているとき，系を記述する統計集団をグランドカノニカル集団(grand canonical ensemble)という。グランドカノニカル集団における状態和を大分配関数という。

$$f(c_0) = -k_B T \lim_{V \to \infty} \frac{1}{V} \ln\left[\int dc \exp\left(-\frac{F\{c\}}{k_B T}\right)\right] \qquad (3.85)$$

となる。

粗視化することにより自由エネルギーは忠実には再現されないが，相境界については有用な情報が得られる(図 **3.8** 参照)．

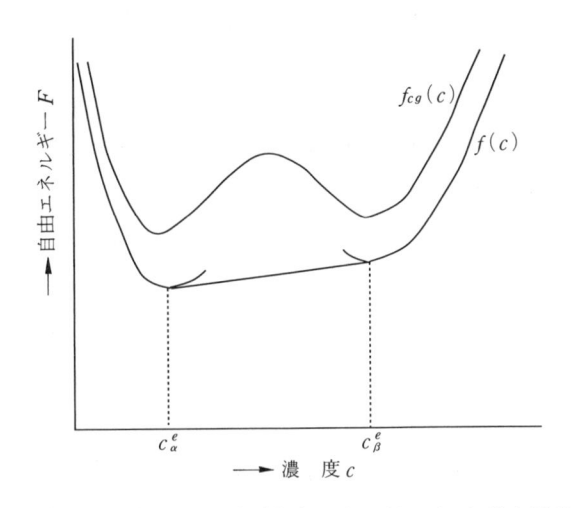

図 3.8 粗視化による局所自由エネルギー f_{cg} と熱力学的極限エネルギー f との比較

3.3.3 連続体モデルによる核形成過程の取扱い

ここで局所秩序変数 $\eta(\vec{r})$ を以下のように定義する．

$$\eta(\vec{r}) = c_B(\vec{r}) - c_A(\vec{r}) \qquad (3.86)$$

ここで $c_B(\vec{r})$ は $\vec{r}$ での B 原子の濃度である．また $c_A(\vec{r})$ は $\vec{r}$ での A 原子の濃度で，$c_A(\vec{r}) = 1 - c_B(\vec{r})$ である．自由エネルギー汎関数 F を η で表現すると以下のようになる．

$$F(\eta) = \int_V \left[f_0(\eta) + \frac{1}{2}K(\nabla\eta)^2 + \cdots\right] dV \qquad (3.87)$$

ここで f_0 は局所秩序変数にのみ依存する自由エネルギーである．以下の取扱いを容易にするため，f_0 として Ginzburg-Landau 型の自由エネルギーを考える．

f_0 は η の関数として以下のように記述できる．

$$f_0 = -\frac{1}{2}\epsilon\eta^2 + \frac{1}{4}\alpha\eta^4 - \mu\eta \tag{3.88}$$

ここで α は正の定数であり，μ は駆動力である．係数 ϵ は $T = T_c$ (相境界) で 0 となり，T が T_c の近くでは以下のように書けると仮定する．

$$\epsilon = A(T_c - T) \tag{3.89}$$

A は正の定数である．$\epsilon > 0\,(T < T_c)$, $\mu > 0$ のときには $f_0(\eta)$ は図 **3.9** のような 2 重井戸型の形状をしている．二つの極小値を与える局所秩序パラメータのうち，高い自由エネルギーを示す η_m が初期の準安定状態に対応し，最小値を与える η_s が到達安定状態に相当する．核形成は準安定状態 η_1 から安定状態 η_2 への転移である．$T < T_c$, $\mu = 0$ のときは $\eta = \pm\sqrt{\epsilon/\alpha}$ で平衡状態となる．

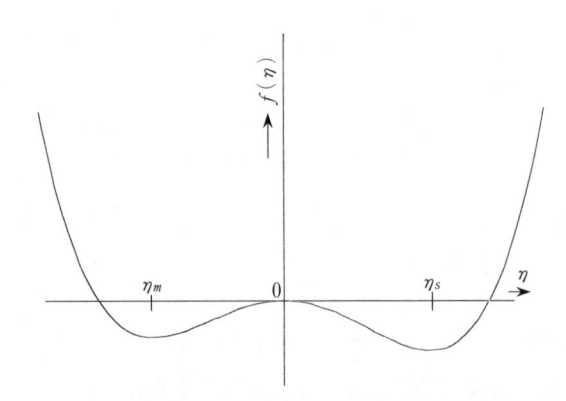

図 **3.9** 2 重井戸型 (Ginzburg-Laudau 型) 局所自由
 エネルギー (η_m は初期の準安定状態, η_s は到達安
 定状態を示す)

核形成の過程は，各セルにおける秩序変数の分布関数 $\rho(\eta,t)$ の流れにほかならない．そのとき $\rho(\eta,t)$ の流れの最も通りやすい道筋は，自由エネルギー曲面の鞍部点となる．最も通りやすい道筋に沿った $\eta(\vec{r})$ を求めよう．式 (3.87), (3.88) より，自由エネルギー汎関数は以下のように書くことができる．

$$F = \int_V \left[-\frac{1}{2}\epsilon\eta^2 + \frac{1}{4}\alpha\eta^4 - \mu\eta + \frac{1}{2}K(\nabla\eta)^2 \right] dV \tag{3.90}$$

$T < T_c$ のときの一様な準安定状態と安定状態を結ぶ非一様な自由エネルギー

の汎関数微分 $\delta F/\delta \eta$ を 0 とする停留解に注目する．この解は自由エネルギー汎関数の谷と谷を結ぶいちばん低い鞍部点の意味を持つので，鞍部点解と呼ばれ，臨界核を表している．

核形成頻度 J は $\rho(\eta,t)$ が乗り越える流れ量である．このような鞍部点は $\mu=0$ として，鞍部点が yz 平面 (x 軸に垂直) に存在すれば，$\eta(\vec{r})$ を解析的に求めることができる．このとき式 (3.90) を用いて $\delta F/\delta \eta = 0$ を求めると，以下のようになる (ここで付録 D に示した Euler-Lagrange 方程式を利用した)．

$$\frac{\delta F}{\delta \eta} = -\epsilon \eta + \alpha \eta^3 - K \frac{d^2 \eta}{dx^2} = 0 \tag{3.91}$$

式 (3.91) の両辺に $d\eta/dx$ を掛けると x についての積分が可能で

$$-\frac{1}{2}\epsilon \eta^2 + \frac{1}{4}\alpha \eta^4 - \frac{1}{2}K\left(\frac{d\eta}{dx}\right)^2 = -\frac{1}{4}\frac{\epsilon^2}{\alpha} \tag{3.92}$$

右辺の値は $x \to \pm\infty$ で $\eta(x)$ は平衡値をとると仮定し，それぞれの値は $\eta(x) = \pm\sqrt{\epsilon/\alpha}$ となることを利用したものである．具体的な解は以下のようになり

$$\eta_0(x) = \pm\sqrt{\frac{\epsilon}{\alpha}} \tanh\left(\sqrt{\frac{\epsilon}{2K}}x\right) \tag{3.93}$$

図 **3.10** に示すように，析出核/マトリックス境界は

$$\xi = \sqrt{\frac{2K}{\epsilon}} \tag{3.94}$$

で表される ξ の程度の厚さを持つ．ξ を相関距離という．

安定核の形状が核が球形であるとして，臨界核の大きさ R_c を評価する．このとき界面エネルギーを最小にする条件は以下の方程式で与えられる．

$$-K\left(\frac{d^2}{dr^2} + \frac{2}{r}\frac{d}{dr}\right)\eta - \epsilon \eta + \alpha \eta^3 - \mu = 0 \tag{3.95}$$

μ が小さく，R_c が相関距離 ξ よりも非常に大きい場合には，η を平面解 $\eta_0(x)$ とそれからの小さなずれ $\eta_1(r)$ の和で表せる．

$$\eta(r) = \eta_0(r) + \eta_1(r) \tag{3.96}$$

ただし $\eta_0(r)$ は

$$\eta_0(r) = -\sqrt{\frac{\epsilon}{\alpha}} \tanh\left(\sqrt{\frac{\epsilon}{2K}}r\right) \tag{3.97}$$

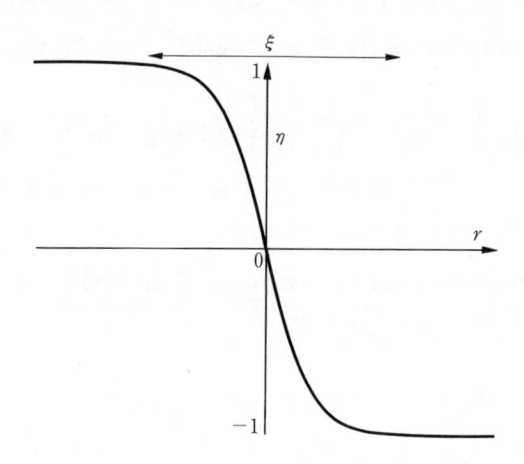

図 3.10 析出核/マトリックス境界近傍での秩序変数の変化（$R = R_c$ 近傍で ξ の厚さのキンク解で近似できる）

$\eta_1(r)$ の 2 乗以上の項を無視すると，式 (3.95) は以下のようになる．

$$\left(-K\frac{d^2}{dr^2} - \frac{2K}{r}\frac{d}{dr} - \epsilon + 3\alpha\eta_0^2\right)\eta_1 = \frac{2K}{r}\frac{d\eta_0}{dr} + \mu$$

これを書き換えると

$$\left(-K\frac{d^2}{dr^2} - \epsilon + 3\alpha\eta_0^2\right)r\eta_1 = 2K\frac{d\eta_0}{dr} + r\mu$$

両辺に $d\eta_0/dr$ を掛けて $|r - R_c| \leq \xi$ で積分すると，左辺は

$$\begin{aligned}lhs &= \int \frac{d\eta_0}{dr}\left(-K\frac{d^2}{dr^2} - \epsilon + 3\alpha\eta_0^2\right)r\eta_1 dr \\ &= -\int \left(-K\frac{d^2\eta_0}{dr^2} - \epsilon\eta_0 + \alpha\eta_0^3\right)\frac{d(r\eta_1)}{dr}dr\end{aligned} \quad (3.98)$$

となり，これは式 (3.91) より 0 となる．このことから

$$2K\int_{R_c-\xi}^{R_c+\xi}\left(\frac{d\eta_0}{dr}\right)^2 dr = -\int_{R_c-\xi}^{R_c+\xi} r\mu\left(\frac{d\eta_0}{dr}\right)dr$$

となり

$$R_c \approx \frac{K\int_{R_c-\xi}^{R_c+\xi}\left(\frac{d\eta_0}{dr}\right)^2 dr}{\mu}\sqrt{\frac{\alpha}{\epsilon}} \quad (3.99)$$

3.3 連続体モデル

ここで界面エネルギーσは

$$\begin{aligned}\sigma &= K\int_{R_c-\xi}^{R_c+\xi}\left(\frac{d\eta_0}{dr}\right)^2 dr \\ &= \frac{1}{3}K^{1/2}\frac{(2\epsilon)^{3/2}}{\alpha}\end{aligned} \quad (3.100)$$

となり

$$\begin{aligned}R_c &\approx \frac{\sigma}{\mu}\sqrt{\frac{\alpha}{\epsilon}} \\ &= \frac{2^{3/2}\epsilon K^{1/2}}{3\alpha^{1/2}\mu}\end{aligned} \quad (3.101)$$

が得られ，Becker-Döring 理論と形のうえでは一致している。

T_c/T が一定の条件では ξ/R_c は μ に比例するので，駆動力が大きくないところでは Becker-Döring 理論が前提としているシャープな界面となる。界面から離れると $d\eta/dr \approx 0$, $d^2\eta/dr^2 \approx 0$ となるので，$\eta_1 \approx \mu/2\epsilon$ が得られる。ここで準安定状態と安定状態を与える秩序変数 η_m と η_s の値は，以下のように近似できる。

$$\eta_m = -\sqrt{\frac{\epsilon}{\alpha}} + \frac{\mu}{2\epsilon}, \quad \eta_s = \sqrt{\frac{\epsilon}{\alpha}} + \frac{\mu}{2\epsilon} \quad (3.102)$$

ここで安定状態と準安定状態の自由エネルギーの差 $F(\eta_s) - F(\eta_m)$ を求める。

つぎのような関係を利用すると計算が簡単になり

$$\begin{aligned}\frac{K}{2}\int(\nabla\eta)^2 dr &= -\frac{K}{2}\int \eta\nabla^2\eta dr \\ &= \frac{1}{2}\int \eta(\epsilon\eta - \alpha\eta^3 + \mu)dr\end{aligned} \quad (3.103)$$

単位体積当りの自由エネルギーの差は以下の式により計算できる。

$$\Delta F_v = -\left[\frac{1}{4}\alpha(\eta_s^4 - \eta_m^4) + \frac{1}{2}\mu(\eta_s - \eta_m)\right] \quad (3.104)$$

式 (3.102) を式 (3.104) に代入し，μ に比例することを考慮すると

$$\Delta F_v = -2\mu\sqrt{\frac{\epsilon}{\alpha}} \quad (3.105)$$

となる。式 (3.101) と式 (3.105) より臨界核の大きさは古典論と同じ $R_c = -2\sigma/\Delta F_v$ となり，半径の球形析出核の形成エネルギーは古典的核形成理論と対応す

る形

$$F(R) = \frac{4\pi}{3}R^3 \Delta F_v + 4\pi R^2 \sigma \qquad (3.106)$$

となることが示された。

3.3.4　Cahn-Hilliard方程式

不均一系の自由エネルギー汎関数 (3.77) を用いて，A-B 2元系のスピノーダル分解の動力学モデルを導出する。質量保存式より以下の関係が得られる。

$$\frac{\partial c}{\partial t} + \nabla \cdot \vec{J}(c,t) = 0 \qquad (3.107)$$

ここでBの濃度を添字Bを省略して c とする。$\vec{J}$ は拡散流である。

Onsagerの線形熱力学によれば，流束は熱力学的力に比例することはすでに述べたとおりである。物質の拡散流束 $\vec{J}$ と対応する熱力学的力は $-\nabla(\mu/T)$ であるが，温度一定のときは以下に示すように拡散流速は化学ポテンシャルの勾配に比例する。

$$\vec{J} = -M(c)\nabla \mu \qquad (3.108)$$

ここで M は易動度 (mobility) である。

均一系では化学ポテンシャルは $\partial f_0/\partial c$ により計算することができるが，濃度ゆらぎがあるときは，化学ポテンシャル $\mu(\vec{r},t)$ を自由エネルギー汎関数 F の濃度 $c(\vec{r},t)$ による汎関数微分で定義する。

$$\mu = \frac{\delta F}{\delta c} \qquad (3.109)$$

式 (3.77) により，不均一系の自由エネルギー汎関数は以下のように表せる。

$$F = \int_V \left[f_0(c) + \frac{1}{2}K(\nabla c)^2 + \cdots \right] dV \qquad (3.110)$$

式 (3.110) を式 (3.109) に代入することにより

$$\mu = \frac{\partial f_0}{\partial c} - K\nabla^2 c \qquad (3.111)$$

が得られ，式 (3.111) をさらに式 (3.107) に代入することにより

$$\frac{\partial c}{\partial t} = \nabla \cdot \left[M(c) \nabla \left(\frac{\partial f_0}{\partial c} - K \nabla^2 c \right) \right] \tag{3.112}$$

が得られる。

この偏微分方程式は Cahn-Hilliard 方程式 (Cahn-Hilliard equation)[13]と呼ばれ，スピノーダル分解の動力学的研究の基礎となっている。M が空間的に一様とすると，式 (3.112) は以下のように書き換えられる。

$$\frac{\partial c}{\partial t} = M \nabla^2 \left(\frac{\partial f_0}{\partial c} - K \nabla^2 c \right) \tag{3.113}$$

さらに，初期の濃度ゆらぎ $\delta c(x,t) \equiv c(x,t) - c_0$ は系のいたるところで小さいと仮定する。そうすると，以下のように式 (3.113) を線形化することが可能で

$$\frac{\partial \delta c(x,t)}{\partial t} = M \nabla^2 \left[\left(\frac{\partial^2 f_0}{\partial c^2} \right)_{c_0} - K \nabla^2 \right] \delta c(x,t) \tag{3.114}$$

となる。この式は線形 Cahn-Hilliard 方程式と呼ばれている。ここで c_0 は平均濃度である。拡散係数を $D \equiv -M(\partial^2 f_0/\partial c^2)_{c_0}$ として，空間的に一様であるとすれば，式 (3.114) は以下のように書くことができ，$K = 0$ のときは通常の拡散方程式となる。

$$\frac{\partial \delta c(x,t)}{\partial t} = D \frac{\partial^2 \delta c(x,t)}{\partial x^2} - MK \nabla^4 \delta c(x,t) \tag{3.115}$$

ここで $\delta c(x,t)$ の Fourier 変換 $\delta \hat{c}(\xi)$ を

$$\delta \hat{c}(\xi) = \frac{1}{\sqrt{2\pi}} \int_{-\infty}^{\infty} \exp(-i\xi x) \delta c(x,t) dx \tag{3.116}$$

とすれば，式 (3.114) の解は以下のように表すことができる。

$$\delta \hat{c}(\xi) = \delta \hat{c}(0) \exp(R(\xi) t) \tag{3.117}$$

ここで $R(\xi)$ は振幅因子と呼ばれ，以下のように記述できる。

$$R(\xi) = -M \xi^2 \left[\left(\frac{\partial^2 f_0}{\partial c^2} \right)_{c_0} + K \xi^2 \right] \tag{3.118}$$

振動数因子は，相分離の方向を決める。濃度ゆらぎは $(\partial^2 f_0/\partial c^2)_{c_0} < 0$ で，しかも振動数が以下の条件を満たす場合だけ時間とともに大きくなり，スピノーダル分解が起こる。

$$\xi < \left[-\frac{1}{K}\left(\frac{\partial^2 f_0}{\partial c^2}\right)_{c_0}\right]^{1/2} \qquad (3.119)$$

したがって濃度ゆらぎの波長は

$$\lambda \equiv \frac{2\pi}{k} > \lambda_c = 2\pi \left[-\frac{1}{K}\left(\frac{\partial^2 f_0}{\partial c^2}\right)_{c_0}\right]^{-1/2} \qquad (3.120)$$

式 (3.120) より，線形 Cahn-Hilliard 理論ではスピノーダル線近傍ではスピノーダル分解の臨界波長 λ_c が発散することが示される。

3.4 クラスタダイナミックス

Binder と Stauffer[6] により提唱されたクラスタダイナミックス理論は，Becker-Döring 理論を一般化したものであり，単原子の離脱，吸着のみならず，クラスタどうしの融合，分裂を考慮している．拡散過程を無視すると，クラスタサイズ分布関数 $n(l,t)$ の時間発展を記述する方程式は以下のように記述できる。

$$\begin{aligned}\frac{dn(l,t)}{dt} &= \sum_{l'=1}^{\infty} S_{l+l'\,l}\,n(l+l',t) - \frac{1}{2}\sum_{l'=1}^{l-1} S_{l\,l'}\,n(l,t) \\ &+ \frac{1}{2}\sum_{l'=1}^{l-1} C_{l-l'\,l'}\,n(l,t)n(l-l',t) \\ &- \sum_{l'=1}^{\infty} C_{l\,l'}\,n(l,t)n(l',t)\end{aligned} \qquad (3.121)$$

式 (3.121) の右辺の第1項は，大きさ $l+l'$ のクラスタの分裂反応 $[l+l'] \to [l]+[l']$ によるサイズ分布関数 $n(l,t)$ の増加を表している．これは現存する $l+l'$ のクラスタサイズ分布関数 $n(l+l',t)$ に比例すると仮定し，分裂反応の速度係数を $S_{l+l'\,l}$ とする．

第2項は大きさ l のクラスタの分裂反応 $[l] \to [l-l']+[l']$ によるサイズ分布関数 $n(l,t)$ の減少を表す．第2項と第3項の係数 $1/2$ は，同じ反応の対を2重に数えて和を求めていることを補正するためのものである．

第3項はクラスタの融合反応 $[l-l']+[l'] \to [l]$ によるサイズ分布関数 $n(l,t)$ の増加を示す．これは第2項の反応の逆反応であり，融合反応の速度係数を $C_{l\,l'}$

とする. 第4項は融合反応 $[l] + [l'] \to [l+1]$ によるサイズ分布関数 $n(l,t)$ の増加を示している.

ここで, 平衡状態における分裂と融合の詳細釣合い原理が成り立つと仮定する. 分裂反応の速度係数 S と融合反応の速度係数 C の間に以下のような関係が成り立ち, これらの値は単一の速度係数 W に置き換えることができる.

$$S_{l+l'\ l'} n_0(l+l') = C_{l\ l'} n_0(l) n_0(l') = W(l,l') \tag{3.122}$$

ここで, $n_0(l)$ は平衡状態でのクラスタ分布関数である. 式 (3.122) を式 (3.121) に代入して以下の式を得る.

$$\begin{aligned}\frac{dn(l,t)}{dt} &= \sum_{l'=1}^{\infty} W(l,l') \frac{n(l+l',t)}{n_0(l+l')} - \frac{1}{2} \sum_{l'=1}^{l-1} W(l-l',l') \frac{n(l,t)}{n_0(l)} \\ &+ \frac{1}{2} \sum_{l'=1}^{l-1} W(l-l',l') \frac{n(l,t)n(l-l',t)}{n_0(l)n_0(l-l')} \\ &- \sum_{l'=1}^{\infty} W(l,l') \frac{n(l,t)n(l',t)}{n_0(l)n_0(l')} \end{aligned} \tag{3.123}$$

$l \gg l'$ ならば, 式 (3.123) は以下の偏微分方程式に書き換えることができる.

$$\begin{aligned}\frac{\partial n(l,t)}{\partial t} &= \frac{\partial}{\partial l}\left[a(l) n_0(l) \frac{\partial}{\partial l}\left(\frac{n(l,t)}{n_0(l)}\right)\right] \\ &+ \frac{1}{2}\int_{l_c}^{l} W(l-l',l') \frac{n(l,t)n(l-l',t)}{n_0(l)n_0(l-l')} dl' \\ &- \int_{l_c}^{l} W(l,l') \frac{n(l,t)n(l',t)}{n_0(l)n_0(l')} dl' \end{aligned} \tag{3.124}$$

ここで $a(l)$ は以下のように記述できる.

$$a(l) = \frac{1}{n_0(l)} \sum_{l'=1}^{l_c} (l')^2 W(l-l',l') \tag{3.125}$$

式 (3.124) の右辺第1項は Becker-Döring 理論から導出された Fokker-Planck 方程式である. また第2項, 第3項は凝集現象の記述に広く利用されている方程式で, Smoluchowski 方程式と呼ばれている. このように, 式 (3.124) は古典的な核形成と凝集を記述する方程式の結合であり, 臨界核の形成のみならず核の成長も取り扱うことが可能と考えられる.

式 (3.123) または式 (3.124) を A-B 2 元系の相分離のような実際の問題に適用するためには，初期サイズ分布 $n(l, 0)$，平衡状態でのクラスタ分布 $n_0(l)$，および速度係数 $W(l, l')$ が既知であることが必要である。

初期分布 $n(l, 0)$ はランダムな原子配列から決まるサイズ分布である。コンピュータシミュレーションにより求めるか，またはパーコレーション問題として取り扱うか二つの方法がある。なお $n(l, 0)$ は以下の条件を満足する。

$$\sum_{l=1} ln(l, 0) = c_B \tag{3.126}$$

c_B は状態図から決まる B 原子の平衡濃度である。一定以上のサイズ (カットオフサイズ) のクラスタに関しては $n(l, 0) = 0$ とした。

平衡状態のクラスタ分布として Fisher の液滴モデルを用いることが多い。

$$n_0(l) = q_0 l^{-(2+1/\delta)} \exp\left[-\delta\mu l - b\left(1 - \frac{T}{T_c}\right) l^{1/(\beta\delta)}\right] \tag{3.127}$$

ここで β, δ は臨界指数と呼ばれるもので，3 次元単純立方格子では，それぞれ 5 と 5/16 になることが知られている。q_0 と b は定数で，それぞれ 0.089 と 2.55 の値を用いると実験値と一致することが知られている。T_c は相境界温度である。

$\delta\mu$ は以下の条件を満足するように決める。

$$\sum_{l=1} ln_0(l) = c_B^\alpha \tag{3.128}$$

ここで，c_B^α は A 原子主体の α 相の B 原子の平衡濃度である。また，速度係数として以下の式を用いる。

$$W(l, l') = cn_0(l)n_0(l')(l')^\nu \left[\left(\frac{l}{l'}\right)^{1-2/d} + \left(\frac{l}{l'}\right)^{-(1+1/d)}\right] \tag{3.129}$$

ここで d は系の空間次元であり，c と ν は定数である。過飽和の B 原子 $c_B - c_B^{eq} = \sum_{l=1}(n(l, 0) - n_0(l))$ は時間 $t \to \infty$ で B 原子主体の領域 (β 相) を形成する。

Binder と Stauffer の理論は，準安定領域での核形成・成長と同時に，不安定領域のスピノーダル分解への遷移も取り扱える点が優れている。Cahn-Hillirad 理論で示された核形成の臨界核サイズとスピノーダル分解の濃度振幅が，それぞれスピノーダル線近傍で発散するという現象は見られない，ということがク

ラスタダイナミックスによる解析から示された.

クラスタダイナミックス理論はスピノーダル分解から核形成・成長への遷移を以下のように考えている.スピノーダル線を横切るとき,クラスタの臨界サイズが熱ゆらぎの相関距離と同程度まで減少するので,スピノーダル分解の濃度振幅と臨界核サイズが不連続にならない.最近のコンピュータシミュレーションの結果や濃度傾斜合金を用いた実験により,このことが裏付けられている.

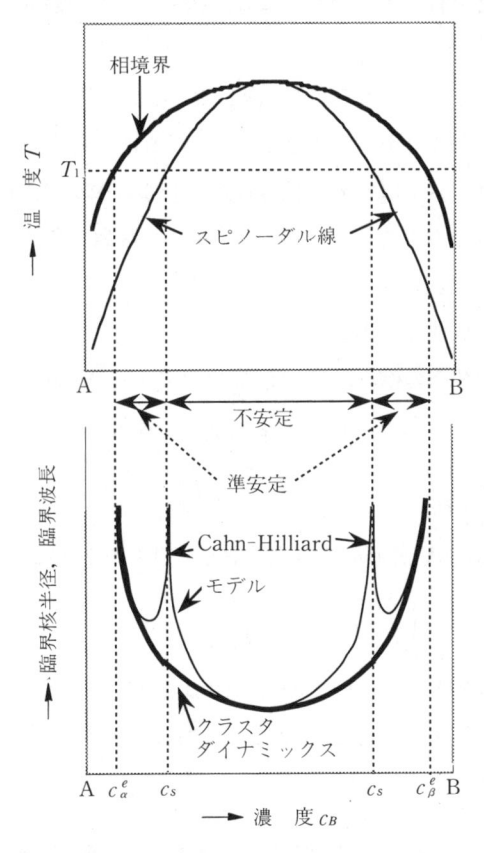

図3.11 A-B 2元系状態図と温度 T_1 における臨界核半径,臨界波長の濃度依存性(クラスタダイナミックスモデルによる計算結果は,スピノーダル分解における臨界波長と臨界核サイズが不連続にならない)

クラスタダイナミックスと Cahn-Hilliard 理論との相違を模式的に示したのが図 **3.11** である。

3.5 核形成の一般理論

この章では，組織形成の初期過程における動力学に関して，核形成理論を中心に基礎的な事項を検討してきた。前節までは，特定の核形成のメカニズムを想定してモデル化を行ってきたが，ここではもう少し一般的な見方で考えてみることにしよう[5),14)]。

基本となる考え方は連続体モデルと同じである。まず，最初に系全体を部分系の集まりとして，各部分系の状態を記述する局所秩序変数 $\eta(\vec{r})$ を導入する。局所平衡の仮定に基づき，$\eta(\vec{r})$ の $\vec{r}$ 依存性が十分ゆるやかであれば，$\eta(\vec{r})$ は空間的に連続な場の量とみることができる。系全体の状態は各部分系の場の量 $\eta(\vec{r})$ で決まり，系の全自由エネルギーは，$\eta(\vec{r})$ からなる相空間 (phase space) 中の一つの超曲面を構成することになる。

組織形成は，部分系の確率密度 $\rho(\eta, t)$ の相空間内の流れにほかならない。系の時間発展を記述するため，確率密度 $\rho(\eta, t)$ の連続の方程式を用いる。

$$\frac{\partial \rho}{\partial t} = -\sum_{i=1}^{m} \frac{\partial J_i}{\partial \eta_i} \qquad (3.130)$$

ここで，J_i は確率密度 $\rho(\eta, t)$ の流束であり，以下のように表せる。

$$J_i = -\sum_{j=1}^{m} M_{ij} \left(\frac{\delta F}{\delta \eta_j} \rho + k_B T \frac{\partial \rho}{\partial \eta_j} \right) \qquad (3.131)$$

ここで M_{ij} は易動度行列であり，$F(\eta)$ は自由エネルギー汎関数である。式 (3.130)，(3.131) の定常解 $\partial \rho / \partial t = 0$ は以下のような形式で表される。

$$\rho_{eq}(\eta) \propto \exp\left(\frac{-F(\eta)}{k_B T}\right) \qquad (3.132)$$

安定状態および準安定状態は，自由エネルギー汎関数 F の極小値 (したがって $\rho_{eq}(\eta)$ の極大値) を示す局所秩序変数配置，あるいはそれに近い配置に対応す

る。核形成はこのような極小値[†]を示す局所秩序変数 $\eta_m(\vec{r})$ から出発し，別の極小値(安定状態) $\eta_s(\vec{r})$ の近傍まで変化していく過程である。そのときの確率密度 $\rho(\eta)$ の流れの最も通りやすい経路が，自由エネルギー超曲面の鞍部点である。

鞍部点に対応する局所秩序変数を $\bar{\eta}(\vec{r})$ とする。鞍部点の周りのゆらぎを考える。ここで新しい変数 ξ_i $(i=1,m)$ を導入する。

$$\xi_i = \sum_{j=1}^{m} D_{ij}(\eta_j - \bar{\eta}_j) \tag{3.133}$$

ここで鞍部点 $\bar{\eta}(\vec{r})$ 近傍での自由エネルギーが以下のように記述されるように，行列 D_{ij} を決める。

$$F(\eta) = F(\bar{\eta}) + \frac{1}{2}\sum_{i=1}^{m} \lambda_i \xi_i^2 + \cdots \tag{3.134}$$

ここで鞍部点の定義から必ず負となる固有値，例えば λ_1 があるゆらぎにより自由エネルギーが減少し，鞍部点に対応する臨界核が不安定になる。その他の固有値は0または正であることを Langer が示している。核形成頻度は鞍部点を乗り越える確率密度の流束である。

変数 ξ_1 は Fokker-Planck 方程式に従って変化し，他の変数はゆらぎに対して安定である。このことから核形成頻度が以下の式で与えられることがわかる。

$$J = J_0 \exp\left(-\frac{\Delta F}{k_B T}\right) \tag{3.135}$$

ここで ΔF は

$$\Delta F = F(\bar{\eta}) - F(\eta_s) \tag{3.136}$$

であり，臨界核を形成する仕事に相当する。

これは古典的核形成理論の結果を再現するものであり，クラスタと単原子との合体・消滅という特定のメカニズムによらずとも成り立つことが示された。また J は

$$J = \frac{|\kappa|}{2\pi k_B T} \operatorname{Im} F \tag{3.137}$$

[†] 準安定状態に対応し，この極小自由エネルギーの値は安定状態を示す極小自由エネルギー(最小自由エネルギー)と比べると高い値を示す

で表されることがLangerにより示され，液滴モデルのところで述べた複素自由エネルギーの虚数部であり，また κ は自由エネルギー曲面の鞍部点でただ一つ存在する負の曲率である．

このように核形成頻度が仮想的な複素自由エネルギーの虚数部に比例することは興味深い．またBecker-Döringモデルやクラスタダイナミックスモデルを記述するクラスタサイズ軸は，局所秩序変数を記述する多くの自由度のうち，鞍部点でただ一つ負の曲率を持つ特別の座標軸として取り出し，すべての熱力学量をこの軸に縮約した取扱いといえる．

章 末 問 題

(1) 式 (3.93) を導出せよ．
(2) Fe-C-Mn 3元合金の拡散変態の界面移動について解析せよ．Fe 中の Mn の拡散は C と比べて非常に遅いことに注意せよ．

[ヒント] 鉄 (Fe) 中の炭素 (C) およびマンガン (Mn) の拡散は以下の拡散方程式で表せる．

$$\frac{\partial c_1}{\partial t} = D_{11}\frac{\partial^2 c_1}{\partial x^2} + D_{12}\frac{\partial^2 c_2}{\partial x^2}$$

$$\frac{\partial c_2}{\partial t} = D_{21}\frac{\partial^2 c_1}{\partial x^2} + D_{22}\frac{\partial^2 c_2}{\partial x^2}$$

ここで 1 は C，2 は Mn とする．置換型元素 2 の拡散に対する侵入型元素 1 の影響 D_{21} は無視できるので，$D_{21}=0$ とする．
界面での流束の釣合いの条件は

$$(c_1^m - c_1^p)\frac{dS}{dt} = D_{11}\frac{\partial c_1}{\partial x} + D_{12}\frac{\partial c_2}{\partial x}$$

$$(c_2^m - c_2^p)\frac{dS}{dt} = D_{22}\frac{\partial c_2}{\partial x}$$

ここで $x=S$ を界面の位置とし，c_1^m, c_1^p を界面における C のマトリックス側および生成相側の濃度，c_2^m, c_2^p を界面における Mn のマトリックス側および生成相側の濃度とする．
また境界条件は

$$c_i = c_i^B \quad (x \to \infty,\ i=1,2)$$
$$c_i = c_i^M \quad (x \to S,\ i=1,2)$$

c_1^B, c_2^B はそれぞれ C と Mn のバルク濃度である．

引用・参考文献

1) M. Volmer and A. Weber: Z. Phys. Chem., **119**, p.277 (1926)

2) R. Becker and W. Döring: Ann. Phys., **24**, p.719 (1935)

3) J.S. Langer: Ann. Phys., **41**, p.108 (1967)

4) 北田韶彦:"実用解析入門",八千代出版 (1985)

5) J.S. Langer: Ann. Phys., **54**, p.258 (1969)

6) K. Binder and D. Stauffer: Adv. Phys., **25**, p.343 (1976)

7) I. Kanne-Dannetschenk and D. Stauffer: J. Aerosol. Sci., **12**, p.105 (1981)

8) G. Arfken: "Mathematical Methods for Physicists", Academic Press (1985)

9) H.S. Carlslaw and J.C. Jaeger: "Conduction of Heat in Solids", 2nd. Ed., Oxford University Press (1959)

10) H.B. Aaron, D. Fainstein and G.R. Kotler: J. Appl. Phys., **41**, p.4404 (1970)

11) J.S. Kirkaldy and D. Young: "Diffusion in the Condensed State", The Institute of Metals (1985)

12) J.W. Cahn and J.E. Hilliard: J. Chem. Phys., **28**, p.258 (1958)

13) J.W. Cahn :Acta Metall., **9**, p.795 (1961)

14) J.S. Langer: Ann. Phys., **65**, p.53 (1971)

15) P. Haasen (Ed.): "Phase Transformation in Materials", VCH (1990)

16) J.D. Gunton and M. Droz: "Introduction to the Theory of Metastable and Unstable States", Springer-Verlag (1983)

17) 土井正男,小貫 明:"高分子物理・相転移ダイナミックス",岩波書店 (1992)

4 相分離後期課程の組織形成と拡散

　相分離後期になるともはや新しい相の形成は起こらず，拡散による界面移動により，析出相とマトリックスとの界面エネルギーを減らすような方向で組織の時間発展が進む．

　本章では，相分離後期課程の析出物(precipitate)の粗大化(coarsening)を記述するLSW理論に関する基本事項を紹介し，連続体モデルによる界面移動(interface migration)の方程式の導出，Avrami型の式と呼ばれる拡散に支配された相分離挙動の時間発展を記述する式の一般化を行う．

4.1　析出物の粗大化

　A-B 2元合金の相分離後期においては，B原子主体のβ相の核形成・成長により，過飽和固溶体α中のB原子が相当量β相に取り込まれた結果，過飽和度は非常に低くなっている．この段階で起こる組織変化は，大きな析出物が小さな析出物を食って成長するOstwald成長(Ostwald ripening)，と呼ばれる析出物の粗大化である．界面エネルギーを減少させるように小さな析出物からB原子が離脱し，拡散により大きな析出物に取り込まれる機構で，析出物の粗大化が進行する．

　Ostwald成長の数理物理学的な取扱いは非常に複雑である．最もよく知られている理論が，LifshitzとSlyozov[1),2)]，そしてWagner[3)]も独立に提案したLSW理論と呼ばれるものである．特に，LifshitzとSlyozovの理論は，適用範囲が過飽和度が低い場合に限定されるものの，粗大化過程を厳密に取り扱っており，し

かも析出物の成長速度指数 (exponent for coarsening rate), サイズ分布関数 (size distribution function) などが厳密に計算できる数少ない例の一つであるので，基本的な事項について論文の内容を忠実にたどりながら基本事項を説明することにする。

最近は，析出物とマトリックスの格子定数の違いによるミスフィットひずみの粗大化への影響が興味の対象になっているが，本書の話題にするには難し過ぎる問題であるので，言及しないこととする。

濃度 c_∞ の固溶体に半径 R の球形析出物があるとする。この系の界面エネルギーは $4\pi\sigma R^2$ である。ここで，σ は析出物/マトリックス界面の単位面積当りの界面エネルギーである。δN の B 原子が析出物中に取り込まれたとすると，系の自由エネルギーの変化は $(\mu_\infty - \mu_R)\delta N$ となる。ただし μ_R と μ_∞ はそれぞれ析出物/マトリックス界面，および界面から遠く離れた場所での化学ポテンシャルである。

析出物半径の変化は $\delta R = \Omega \delta N / 4\pi R^2$ となる。ここで Ω は 1 原子の占有する体積である。析出物半径の増加 δR は界面エネルギーの $8\pi\sigma R\delta R$ をもたらす。平衡条件はバルクエネルギーの減少と界面エネルギーの増加の釣合いから求めることができる。

$$\mu_R - \mu_\infty = \frac{2\Omega\sigma}{R} \tag{4.1}$$

理想溶体においては，濃度 c_i の固溶体の化学ポテンシャルは以下のように記述できる。

$$\mu(c_i, T) = \mu_0(T) + k_B T \ln c_i \tag{4.2}$$

ここで $\mu_0(T)$ は純物質のモル自由エネルギーである。式 (4.1) と式 (4.2) より

$$\ln\left(\frac{c_R}{c_\infty}\right) = \frac{2\Omega\sigma}{k_B T R} \tag{4.3}$$

を得る。さらに式 (4.3) より Gibbs-Thomson の関係 (Gibbs-Thomson relation) が得られる。

$$c_R = c_\infty \exp\left(\frac{2\Omega\sigma}{Rk_B T}\right) \approx c_\infty + \frac{\alpha}{R} \tag{4.4}$$

ここで α は

$$\alpha = \frac{2\Omega\sigma c_\infty}{k_B T} \tag{4.5}$$

この式から小さな析出物の周りのマトリックスは大きな析出物の周りよりもB原子の濃度が高く，図 **4.1** に示すように，濃度勾配により小さな析出物の近傍から大きな析出物の近傍までB原子の拡散が生ずる．粗大化は平衡に近い体積分率の β 相が析出した後で起こるので，物質拡散のための濃度勾配はきわめて小さく，濃度変化は非常に遅い．このような場合には，以下に示す準定常近似(quasi-steady state approximation)により，拡散方程式の解を求めることができる．

$$\frac{\partial c}{\partial t} = \frac{D}{r}\frac{\partial}{\partial r}\left[\frac{\partial(cr)}{\partial r}\right] = 0 \tag{4.6}$$

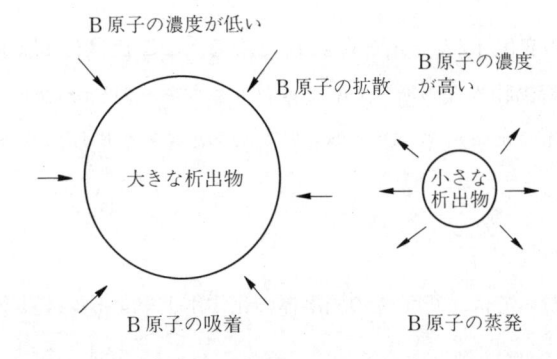

図 4.1 LSW 理論による粗大化のメカニズム(小さな析出物から大きな析出物へのB原子の流れが生じている)

準定常近似解は以下のように表せる．

$$c(r,t) = c + (c_R - c)\frac{R}{r} \tag{4.7}$$

ここで c は α 固溶体の平均濃度である．単位面積当りの拡散流束は

$$J = D\frac{\partial c}{\partial r}\bigg|_{r=R} = \frac{D}{R}(c - c_R) = \frac{D}{R}\left(\Delta(t) - \frac{\alpha}{R}\right) \tag{4.8}$$

となる。ここで$\Delta(t) = c - c_\infty$はα固溶体の過飽和度である。拡散流束は析出物の動径方向の成長速度に等しい。

$$\frac{dR}{dt} = \frac{D}{R}\left(\Delta(t) - \frac{\alpha}{R}\right) \qquad (4.9)$$

LSW理論は，式(4.9)を多くの析出物間の相互作用による組織形成を近似する基本式として用いている。析出物の半径が，以下に示す臨界半径R_cより大きいか小さいかで，成長するか固溶するかが決まる。

$$R_c = \frac{\alpha}{\Delta(t)} \qquad (4.10)$$

これが大きな析出物が小さな析出物を食って成長するメカニズムである。

$f(R,t)$を析出物のサイズ分布関数とすれば，$f(R,t)dR$は半径がRと$R+dR$にある析出物の単位体積当りの個数となる。溶質原子(ここではB原子)の数は一定なので，以下の保存則が成り立つ。

$$\Delta(t) + \frac{4\pi}{3}\int_0^\infty R^3 f(R,t) dR = c_0 \qquad (4.11)$$

ここでc_0は溶質原子の初期濃度である。もはや核形成が起こらないとすると，$f(R,t)$は以下の連続の式を満足する。

$$\frac{\partial}{\partial t}f(R,t) + \frac{\partial}{\partial R}\left[\frac{D}{R}\left(\Delta(t) - \frac{\alpha}{R}\right)f(R,t)\right] = 0 \qquad (4.12)$$

式(4.9)，(4.11)，(4.12)が以下の解析の基本式となる。ここで以下のような無次元変数$x(t)$を導入する。

$$x(t) = \frac{R_c(t)}{R_c(0)} \qquad (4.13)$$

$t \to \infty$のとき，過飽和度$\Delta(t)$は0に近付き，臨界半径は無限大となる。ゆえに時間に依存する変数

$$\tau = 3\ln x(t) \qquad (4.14)$$

も単調に0から∞まで変化する。以後，時間の単位を$R_c^3(0)/D\alpha$とする。式(4.9)は以下のように書き換えられる。

$$\frac{dR}{dt} = \frac{R_c^3(0)}{R}\left(\frac{1}{R_c} - \frac{1}{R}\right) \qquad (4.15)$$

さらに式 (4.15) を
$$u = \frac{R}{R_c(t)} \tag{4.16}$$
の関数として表すと
$$\frac{du^3}{d\tau} = \gamma(u-1) - u^3 \tag{4.17}$$
となる。ここで γ は
$$\gamma(\tau) = x^{-2}\frac{dt}{dx} > 0 \tag{4.18}$$
である。

関数 $\gamma(\tau)$ は $\tau \to \infty$ で有限な値に漸近する。式 (4.17) の右辺は $u = \sqrt{3\gamma}/3$ において最大となり、その値は $\gamma[(2/9)(3\gamma)^{1/2} - 1]$ である。$du^3/d\tau$ の γ は図 **4.2** に示した三つのタイプに分けて考えることができる。$\gamma = \gamma_0 = 27/4$ のとき、$du^3/d\tau$ は $u = u_0 = 3/2$ で横軸に接する。横軸上の点の挙動を解析した結果、関数 $\gamma(\tau)$ は γ_0 に下から漸近することが明らかとなった。$\gamma > \gamma_0$ または $\gamma < \gamma_0$ では保存則を満足しない。

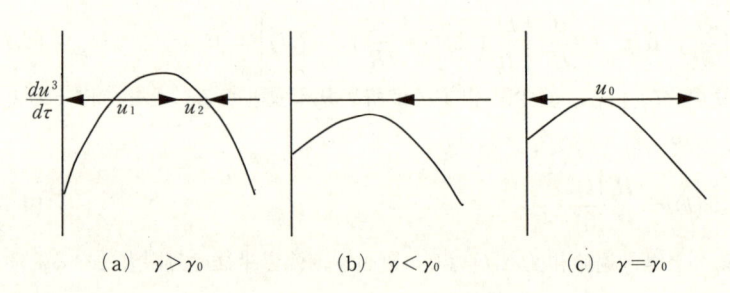

図 4.2 $du^3/d\tau$ の u 依存性

結果として、$\gamma(\tau)$ は以下のように表され
$$\gamma(\tau) = \gamma_0(1 - \epsilon^2(\tau)) \tag{4.19}$$
$\tau \to \infty$ のとき $\epsilon \to 0$ となる。点 $u = u_0$ の近傍では、式 (4.17) は以下のように近似できる。

4.1 析出物の粗大化

$$\frac{du}{d\tau} = -\frac{2}{3}\left(u - \frac{3}{2}\right)^2 - \frac{1}{2}\epsilon^2 \tag{4.20}$$

上記の式を $z = (u - 3/2)/\epsilon$ の関数で表すと以下のようになる。

$$\frac{3}{2\epsilon}\frac{dz}{d\tau} = -z^2 - \frac{3}{4} + \frac{3}{2}z\eta \tag{4.21}$$

ここで η は

$$\eta = \frac{d}{d\tau}\left(\frac{1}{\epsilon}\right) \tag{4.22}$$

である。

式 (4.21) の右辺は $z = 3\eta/4$ において最大値 $9\eta^2/16 - 3/4$ をとる。$\eta = \eta_0 = 2/\sqrt{3}$ のとき，dz/dt は $z = z_0 = \sqrt{3}/2$ の横軸に接し，$\eta = \eta_0$ の漸近式は以下のように表せる。

$$\epsilon(\tau) = \frac{\sqrt{3}}{2\tau} \tag{4.23}$$

$\tau \gg 1$ においては，式 (4.19) の第2項は無視でき，以下の式が得られる。

$$\frac{1}{\gamma} = x^2\frac{dx}{dt} = \frac{4}{27} \tag{4.24}$$

このようにして十分な時間経過後は，臨界核半径の時間発展を記述する式が以下のように表せることが示された。

$$x(t) = \frac{R_c(t)}{R_c(0)} = \left(\frac{4t}{9}\right)^{1/3} \tag{4.25}$$

つぎに析出物のサイズ分布関数を求めてみよう。u と τ の関数で表したサイズ分布関数を $\phi(u, \tau)$ とすれば，このサイズ分布関数は $f(R, t)$ と以下のような関係にある。

$$\phi(u, \tau)du = f(R, t)dR \tag{4.26}$$

ただし

$$f = \frac{\phi}{R_c} \tag{4.27}$$

である。サイズ分布関数 $\phi(u, \tau)$ に対する連続の式は以下のように表せる。

$$\frac{\partial \phi}{\partial \tau} + \frac{\partial}{\partial u}(\nu_u \phi) = 0 \tag{4.28}$$

ただし ν_u は

$$\nu_u = \frac{du}{d\tau} \tag{4.29}$$

であり，$\gamma = 27/4$ のとき式 (4.17) により

$$\nu_u = \frac{du}{d\tau} = -\frac{1}{3u^2}\left(u - \frac{3}{2}\right)^2 (u+3) \tag{4.30}$$

となる．

式 (4.28) の解は以下のような形式で表される．

$$\phi(u,\tau) = -\frac{\chi(\tau - \tau(u))}{\nu_u} \tag{4.31}$$

ただし，$\tau(u)$ は

$$\tau(u) = \int_0^u \frac{du}{\nu_u} \tag{4.32}$$

である．関数 χ の具体的な形式は，以下のようにして質量保存式から決めることができる．

$R^3 = u^3 x^3 R_c^3(0) = u^3 \exp(\tau) R_c^3(0)$ の関係を用いて，溶質の質量保存式を τ と u の関数で書き換えられる．

$$\frac{4\pi R_c^3(0)}{3c_0} \exp(\tau) \int_0^\infty u^3 \phi(u,\tau) du = 1 \tag{4.33}$$

式 (4.33) の左辺が τ に依存しないためには，χ が $\chi(\tau - \tau(u)) = A\exp(-\tau + \tau(u))$ の形式で表されることが必要である．関数 $\tau(u)$ は式 (4.32) の積分を実行することにより求めることができる．

$$\begin{aligned}
\tau(u) &= -\int_0^u du \frac{3u^2}{[(u-3/2)^2(u+3)]} \\
&= \int_0^u du \left[-\frac{5}{3(3/2-u)} - \frac{3}{2(3/2-u)^2} - \frac{4}{3(u+3)}\right] \\
&= \frac{3}{5}\ln\left(\frac{3}{2}-u\right)\frac{4}{3}\ln(u+3) - \frac{3}{2(3/2-u)} + \ln\frac{3^3 e}{2^{5/3}}
\end{aligned} \tag{4.34}$$

このようにして，以下に示すようなサイズ分布関数が得られた．

$$\phi(u,\tau) = A\exp(-\tau)P(u) \tag{4.35}$$

ただし $P(u)$ は

4.1 析出物の粗大化

$$P(u) = \begin{cases} \dfrac{3^4 e u^2 \exp\left(-\dfrac{1}{1-2u/3}\right)}{2^{5/3}(u+3)^{7/3}(3/2-u)^{11/3}} & \left(u < \dfrac{3}{2}\right) \\ 0 & \left(u > \dfrac{3}{2}\right) \end{cases} \quad (4.36)$$

である。定数 $A \approx 0.9[3c_0/(4\pi R_c(0))^3]$ である。関数 $P(u)$ を図 **4.3** に示す。

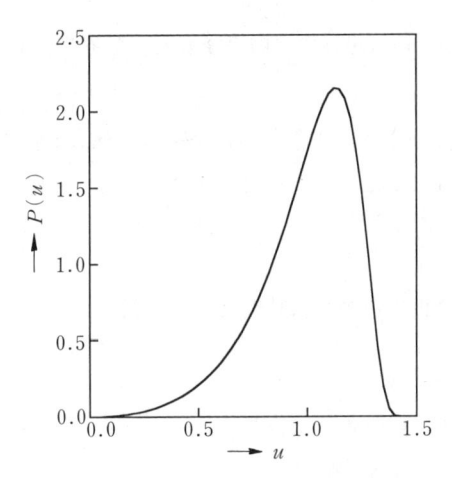

図 4.3 関数 $P(u)$ の形状

以下に示すように関数 $P(u)$ は 1 に規格化されている。

$$\begin{aligned}\int_0^{3/2} P(u)du &= -\int_0^{3/2} \frac{\exp(\tau(u))}{\nu_u} \\ &= -\int_0^{3/2} \exp(\tau(u)) \frac{d\tau(u)}{du} du = 1 \end{aligned} \quad (4.37)$$

単位体積当りの析出物の数は，以下の式により求めることができる。

$$N = \int_0^{3/2} \phi(u, \tau(u)) du = A\exp(-\tau) = Ax^{-3} = \frac{9A}{4t} \quad (4.38)$$

以下の積分を考える。

$$\begin{aligned}\int_0^{3/2} P(u)(u-1)du &= -\int_0^{3/2} \frac{\exp(\tau(u))(u-1)}{\nu_u} du \\ &= \int_{-\infty}^0 \exp(\tau)(u(\tau)-1)d\tau \end{aligned} \quad (4.39)$$

この式に式 (4.17) を代入すると，式 (4.39) の積分は

$$\frac{4}{27}\int_{-\infty}^{0}\exp(\tau)\left(u^3(\tau)+\frac{du^3(\tau)}{d\tau}\right)d\tau = -\frac{4}{27}[\exp(\tau)u^3(\tau)]_0^{-\infty}$$
$$= 0 \qquad (4.40)$$

となり，その結果

$$\langle u \rangle_{av} = \int_0^{3/2} P(u)udu = \int_0^{3/2} P(u)du = 1 \qquad (4.41)$$

が得られた．このように析出物の平均半径 R は，臨界半径 R_c に等しいことが示された．

以上の結果をもとの座標，すなわち析出物の半径 R と時間 t の関数に書き換える．析出物半径は以下に示すように時間の 1/3 乗で成長する傾向を示し

$$\langle R \rangle_{av} = \left(\frac{4ADt}{9}\right)^{1/3} \qquad (4.42)$$

また単位体積当りの析出物の数は時間とともに減少する．

$$N(t) \approx \frac{0.5c_0}{D\alpha t} \qquad (4.43)$$

また過飽和度の減少は以下の式で表せる．

$$\Delta(t) = \frac{\alpha}{R_{cr}} = \left(\frac{9\alpha^2}{4Dt}\right)^{1/3} \qquad (4.44)$$

4.2 界 面 移 動

この節では，不安定な界面の移動の動力学について考える．界面移動の例として興味深いものの一つが，逆位相境界の秩序・無秩序転移 (order-disorder phase transition) における逆位相境界 (anti phase boundary，略して APB) の運動である．規則性を持つ結晶において，その規則性の位相がずれた部分を逆位相境界と呼ぶ．もう一つの例としては，結晶粒の成長 (grain growth) が挙げられる．純金属の粒成長は，粒界近傍の原子の再配列を必要とし，原子間隔と同程度の距離の拡散 (粒界拡散) を生じる．

Cahn と Hilliard[4]によれば，不均一系の自由エネルギー汎関数は以下のように表せる．

$$F = \int d\vec{r} \left[\frac{K}{2}(\nabla \eta)^2 + f_0(\eta)\right] \tag{4.45}$$

ここで $f_0(\eta)$ は空間的に局所的な濃度のみに依存する自由エネルギーである。また，Onsagerの線形熱力学によれば，局所秩序変数 η の時間変化 $\partial \eta(\vec{r})/\partial t$ は局所的な熱力学的力 $\delta F/\delta \eta(\vec{r})$ に比例する。

$$\frac{\partial \eta(\vec{r})}{\partial t} = -\Gamma \frac{\delta F}{\delta \eta(\vec{r})} \tag{4.46}$$

ここで Γ は現象論的係数で系の時間スケールを決める。式 (4.46) に式 (4.45) を代入すると以下の式が得られる。

$$\frac{\partial \eta(\vec{r})}{\partial t} = -\Gamma \left(-K\nabla^2 \eta + \frac{df_0}{d\eta}\right) \tag{4.47}$$

自由エネルギー汎関数の時間微分は

$$\frac{dF}{dt} = \int d\vec{r} \left(\frac{\delta F}{\delta \eta}\right) \frac{d\eta}{dt} = \int d\vec{r} \left(\frac{\delta F}{\delta \eta}\right)\left(-\Gamma \frac{\delta F}{\delta \eta}\right)$$

$$= -\Gamma \int d\vec{r} \left(\frac{\delta F}{\delta \eta}\right)^2 < 0 \tag{4.48}$$

となり，F が時間の非増加関数であることが示された。このことから界面移動には活性化過程を必要としないことがわかる。

まず最初に平面を考える。平衡状態では $\partial \eta/\partial t = 0$ であるため，以下の関係が得られる。

$$K\frac{d^2 \eta}{dz^2} = \frac{df_0}{d\eta} = -\frac{dV(\eta)}{d\eta} \tag{4.49}$$

$z \rightarrow$ 時間，$\eta \rightarrow$ 変位，$K \rightarrow$ 質量および $-f_0 \rightarrow V(\eta)$ 変換を行うと，式 (4.49) は2重井戸型ポテンシャルでの質点の運動方程式と同一形式となる (図 **4.4** 参照)。摩擦がないと仮定すれば全エネルギーは一定となり，その値は $-f_0(\eta_e)$ となる。運動エネルギーは丘の頂上 (hill top) で0となる。

$$\frac{K}{2}\left(\frac{d\eta}{dz}\right)^2 - f_0(\eta) = -f_0(\eta_e) \tag{4.50}$$

界面エネルギー σ は，全エネルギーからバルクエネルギーを差し引くことにより求めることができる。

(a) 平衡界面   (b) 界面移動

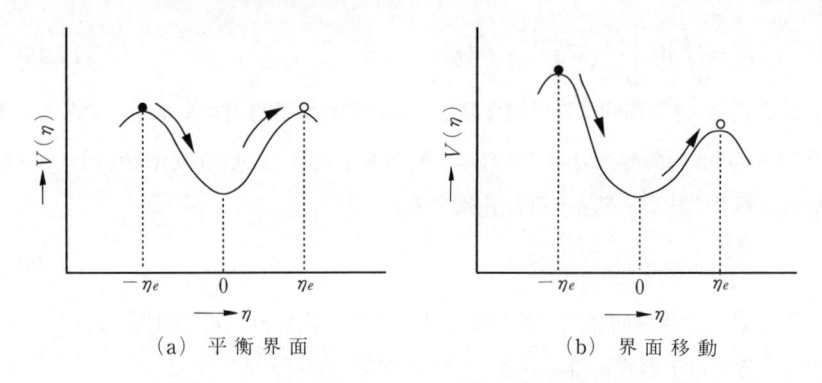

図 4.4　界面移動と質点の運動とのアナロジー

$$\sigma = \int dz \left[\frac{K}{2}\left(\frac{d\eta}{dz}\right)^2 + f_0(\eta) - f_0(\eta_e) \right] = \int dz K \left(\frac{d\eta}{dz}\right)^2 \quad (4.51)$$

球状の液滴の成長を考える. 液滴形成に必要な仕事は以下のように記述できる.

$$\Delta F = \delta\eta \left(\frac{4\pi R^3}{3}\right) + 4\pi\sigma R^2 \quad (4.52)$$

ΔF は半径が以下の値をとるとき最大となる.

$$R = R_c = -\frac{2\sigma}{\delta\eta} \quad (4.53)$$

運動方程式 (4.47) を具体的に書くと以下のようになる.

$$\frac{\partial \eta(\vec{r})}{\partial t} = -\Gamma \left(-K\frac{d^2\eta}{dr^2} - \frac{2K}{r}\frac{d\eta}{dr} + \frac{df_0}{d\eta} \right) \quad (4.54)$$

この方程式が $\eta = \eta'(r - R(t))$ のような解を持つとすると

$$\frac{\partial \eta(\vec{r})}{\partial t} = -\frac{d\eta'}{dr}\frac{dR}{dt} = -\Gamma \left(-K\frac{d^2\eta'}{dr^2} - \frac{2K}{r}\frac{d\eta'}{dr} + \frac{df_0}{d\eta} \right) \quad (4.55)$$

界面 $r = R$ の近傍では式 (4.55) は以下のように近似できる.

$$K\frac{d^2\eta'}{dr^2} + \left(\frac{2K}{R} + \frac{v}{\Gamma}\right)\frac{d\eta'}{dr} - \frac{df_0}{d\eta} = 0 \quad (4.56)$$

ここで $v = dR/dt$ は界面移動速度である. 式 (4.56) を η で積分し, 以下のような関係を得る.

$$\int dr \left(K\frac{d^2\eta'}{dr^2} - \frac{df_0}{d\eta} \right) \frac{d\eta'}{dr} = -\left(\frac{2K}{R} + \frac{v}{\Gamma}\right) \int dr \left(\frac{d\eta'}{dr}\right)^2 \quad (4.57)$$

式 (4.57) は以下のように書き換えることができる.

$$\int dr \left(K \frac{d^2\eta'}{dr^2} - \frac{df_0}{d\eta'} \right) \frac{d\eta'}{dr} = \int dr \frac{d}{dr} \left[K \left(\frac{d\eta'}{dr} \right)^2 - f_0 \right]$$
$$= -\frac{\sigma}{K} \left(\frac{2K}{R} + \frac{v}{\Gamma} \right) \tag{4.58}$$

さらに
$$\delta\eta = -\frac{\sigma}{K} \left(\frac{2K}{R} + \frac{v}{\Gamma} \right) \tag{4.59}$$

式 (4.59) より界面の移動速度 v を以下のように表すことができる。
$$v = -\frac{2K\Gamma}{R} - \frac{\delta\eta\Gamma K}{\sigma} = 2K\Gamma \left(-\frac{\delta\eta}{2\sigma} - \frac{1}{R(t)} \right)$$
$$= 2K\Gamma \left(\frac{1}{R_c} - \frac{1}{R(t)} \right) \tag{4.60}$$

上記の結果は，古典的核形成理論で得られた結果を再現していることがわかる。Gibbs-Thomson の関係から想像できるように，$R < R_c$ では液滴は収縮し，$R > R_c$ で液滴は成長する。$R = R_c$ では Gibbs-Thomson の関係から予想されるように，不安定定常状態となり，$v = 0$ となる。

Allen と Cahn[5)] は上記の方法を一般化し，一般の曲面の移動速度を求めた。界面上の任意の点 P を考える。この点での界面の法線の単位ベクトルを $\vec{n}$ とし，この方向を z 軸とするデカルト座標系を考える。秩序変数 η の勾配は

$$\nabla\eta = \vec{n}\frac{\partial\eta}{\partial z} \tag{4.61}$$

$\partial\eta/\partial z$ は法線方向の秩序変数の変化を示す。式 (4.61) より

$$\nabla^2\eta = \nabla\cdot\nabla\eta = \frac{\partial^2\eta}{\partial z^2} + \frac{\partial\eta}{\partial z}\nabla\cdot\vec{n} \tag{4.62}$$

初等的な微分幾何学より[6)]，点 $P(x_0, y_0, z_0)$ 近傍のなめらかな曲面を記述する方程式は，以下のように表されることが示される。

$$z - z_0 = \frac{(x-x_0)^2}{2R_1} + \frac{(y-y_0)^2}{2R_2} + \cdots \tag{4.63}$$

ここで，$K_1 = 1/R_1$ と $K_2 = 1/R_2$ は界面の主曲率 (principle curvature) である。点 P における接平面 (X, Y, Z) の方程式は以下のように表せる。

$$Z - z_0 - \frac{(X-x_0)}{R_1} - \frac{(Y-y_0)}{R_2} = 0 \tag{4.64}$$

点Pでの法線ベクトル は

$$\vec{n} = \left(-\frac{(x-x_0)}{R_1}, -\frac{(y-y_0)}{R_2}, 1\right) \quad (4.65)$$

このことから以下の式を得る。

$$\nabla \cdot \vec{n} = -\frac{1}{R_1} - \frac{1}{R_2} = -(K_1 + K_2) \quad (4.66)$$

運動方程式(4.47)は以下のように書き換えることができる。

$$\frac{\partial \eta(x)}{\partial t} = -\Gamma\left[\frac{df_0}{d\eta} - K\frac{\partial^2 \eta}{\partial z^2} + K(K_1+K_2)\frac{\partial \eta}{\partial z}\right] \quad (4.67)$$

平面の平衡条件，$\delta F/\delta \eta = 0$ を適用することにより式(4.67)の最初の2項が消える。

$$\frac{\partial \eta(x)}{\partial t} = -K\Gamma(K_1+K_2)\frac{\partial \eta}{\partial z} \quad (4.68)$$

秩序変数 η 一定の界面の速度 $v = \partial z/\partial t$ は以下のように表せる。

$$\left.\frac{\partial z}{\partial t}\right|_\eta = -\frac{\left.\frac{\partial \eta}{\partial t}\right|_z}{\left.\frac{\partial \eta}{\partial z}\right|_t} \quad (4.69)$$

式(4.68)，(4.69)から移動速度 v を求めることができる。

$$v = K\Gamma(K_1+K_2) \quad (4.70)$$

界面の全面積 S は以下の式で記述することができる。

$$S(t) = \int da \quad (4.71)$$

ここで da は面積要素である。曲面が v の速度で dt 時間だけ動いたとすると，時間 $t+\delta t$ における面積要素 da' と t での面積要素 da の比は以下のように表せる(図 **4.5** 参照)。

$$da' = da\frac{da'}{da} = da\frac{(R_1+v\delta t)(R_2+v\delta t)}{R_1 R_2}$$
$$\approx da\left[1 + v\delta t\left(\frac{1}{R_1}+\frac{1}{R_2}\right)\right] \quad (4.72)$$

式(4.72)を式(4.71)に代入し，時間微分を行うことにより以下の式が得られる。

4.2 界面移動

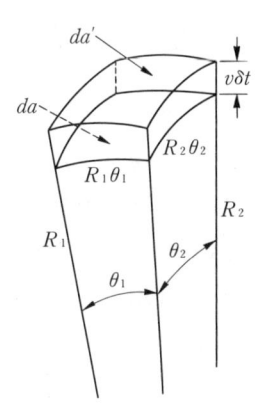

図 4.5 界面移動に伴い曲率半径 R_1, R_2 の面要素 da が da' となる

$$\frac{dS(t)}{dt} = \int \frac{\delta}{\delta t} da$$
$$= -K\Gamma \int da \left(\frac{1}{R_1} + \frac{1}{R_2}\right)^2 < 0 \quad (4.73)$$

自由エネルギーの時間変化は

$$\frac{\partial F}{\partial t} = \int d\vec{r} \frac{dF}{dt} = \int d\vec{r} \frac{\delta F}{\delta \eta} \frac{d\eta}{dt} \quad (4.74)$$

式 (4.67) を式 (4.74) に代入することにより以下の関係を得る。

$$\frac{\partial F}{\partial t} = -\frac{1}{\Gamma} \int d\vec{r} \left(\frac{d\eta}{dt}\right)^2$$
$$= -K \int d\vec{r} \left(\frac{d\eta}{dz}\right)^2 \int da \left(\frac{1}{R_1} + \frac{1}{R_2}\right)^2 \quad (4.75)$$

式 (4.51), (4.73), (4.75) より, エネルギー変化と界面総面積の時間変化の関係を示す以下の式が得られる。

$$\frac{\partial F}{\partial t} = \sigma \frac{dS}{dt} \quad (4.76)$$

以上のことから, 界面移動は界面の総面積の減少を通じて自由エネルギーを減少させることが示された。

4.3 相変態の動力学

核形成と成長に支配された相変態(phase transformation)の全体的な様子を見てみよう。ここで全体像をモニタする変数として析出相 β の体積分率の時間変化を取り上げる。過飽和固溶体 α が2相共存域に焼き入れられた時点を0として，時間 t を定める。この問題で難しいのは，図 **4.6** に示すように，相変態後期においては析出相どうしが衝突し合体してしまうため，孤立した析出相について求めた一つ一つの析出相の体積の和を求めても，全体の体積分率は求められないということである。

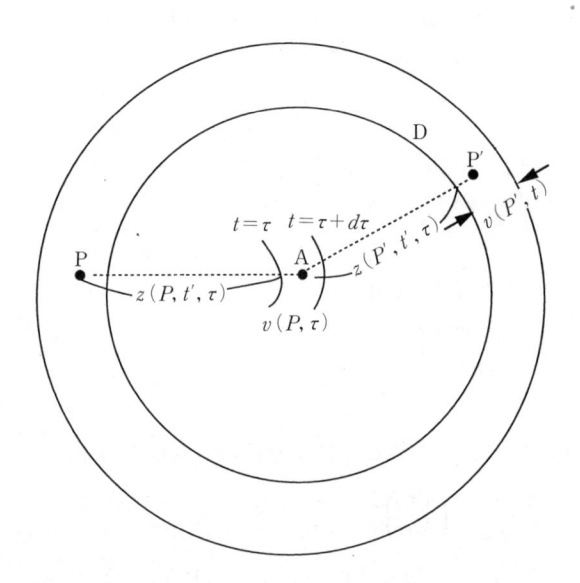

図 4.6 時間 t' に核形成した析出相が時間 τ と $\tau + d\tau$ 間に点Aに達する条件

しかし，1930年代に Kolmogorov, Johnson-Mehl, Avrami が独立にこの問題に関する論文を発表し[7)~9)]，核形成がランダムに起こるならば(均一核形成)，析出相どうしの衝突・合体がないものとして，それぞれ独立した析出相の体積の和を求めれば(これを拡張体積(extended volume)と呼び V_{ex} と書く)，時間

tにおける析出相の体積分率$f(t)$（以下変態率と呼ぶ）は

$$f(t) = 1 - \exp(-V_{ex}) \tag{4.77}$$

で表されることを示した。

　一連の論文で示された式は，今日Kolmogorov-John-son-Mehl-Avramiの式，あるいはAvrami型の式と呼ばれ，相変態の予測や解析に不可欠な式となっている。特にAvramiの式$f(t) = 1 - \exp(-Ct^n)$は，指数nを求めることにより，相変態の律速過程がある程度推測できるため，実験の解析によく利用されている。これらの式は核形成は時間τにいっせいに起こり，成長速度は一定であるという仮定をもとに導出されているが，ランダムに核形成が起こるかぎり，核形成頻度，成長速度の時間依存性にかかわりなく，式(4.77)により変態率の時間変化が記述できることを以下に示す[5),10)]。

　準安定固溶体の体積分率$g(t)$（以下未変態率と呼ぶ）が以下の式で表されることは明らかである。

$$g(t) = 1 - f(t) \tag{4.78}$$

ここで点Aをランダムに選び，点Aでの時間τから$\tau + d\tau$における変態率の変化を計算する。

$$df(\tau) = -dg(\tau) = -(g(\tau + d\tau) - g(\tau)) \tag{4.79}$$

　$v(P(\vec{r}), t)$を時間t'において点Pで核形成した安定核の時間tにおける成長速度とする。点Aと点Pを結んだ線分$\overline{AP}$と安定核表面との交点をQとする（図**4.6**参照）。時間t''における点Pと点Q間の直線距離$d(P, Q)$は以下の式で計算できる。

$$d(P, Q) \equiv Z(P(\vec{r}), t'', t') = \int_{t'}^{t''} v(P(\vec{r}), t) dt \tag{4.80}$$

ここで線分$\overline{AP}$上では新たな核形成は起こらないものとする。時間t'において点P$'$で核形成した安定核の表面が時間τから$\tau + d\tau$の間に点Aに到達するためには，点P$'$と点A間の直線距離$d(P', A)$が以下の条件を満足する必要がある。

$$\int_{t'}^{\tau} v(P'(\vec{r}),t)dt \leqq d(P',A) < \int_{t'}^{\tau+d\tau} v(P'(\vec{r}),t)dt \qquad (4.81)$$

上記の条件を満たすためには核形成の起こる場所が制限される．安定核表面が点Aに時間τと$\tau+d\tau$の間に達するための条件として，核形成が以下の式で表される体積V_Aを持つ閉空間D内で起こる必要がある．

$$V_A = \int_D Z(P'(\vec{r}),\tau,t')v(P'(\vec{r}),\tau)dSd\tau \qquad (4.82)$$

Dは点Aから直線距離$Z(P'(\vec{r}),\tau,t')$である面を表す．ランダムに核形成が起こるとすれば，この領域において時間t'と$t'+dt'$の間に核形成が起こる確率は

$$P_A dt' = \int_D Z(P',\tau,t')v(P',\tau)J(t')dSd\tau dt' \qquad (4.83)$$

ここで$J(t')$は時間t'における単位体積当りの核形成頻度である．

以上のことから，時間$t'=0$から$t'=t$の間にランダムに核形成した安定核の表面が点Aに到達する確率は以下の式で表される．

$$P_T = \int_0^t \int_D Z(P',\tau,t')v(P',\tau)J(t')dSd\tau dt' \qquad (4.84)$$

点Aが時間$d\tau$に準安定相から安定相に相変態するためには，この時点ではまだ未変態であることが必要である．ゆえに変態率の変化は

$$df(\tau) = -dg(\tau) = g(\tau)P_T \qquad (4.85)$$

で表され，式(4.85)の解は

$$\ln \frac{g(t)}{g(0)} = -\int_0^{\tau} P_T(\tau)d\tau \qquad (4.86)$$

となる．式(4.84)に式(4.86)を代入すると

$$\ln \frac{g(t)}{g(0)} = -\int_0^t d\tau \int_0^{\tau} \int_D Z(P',\tau,t')v(P',t)J(t')dSdt' \qquad (4.87)$$

となる．式(4.87)の右辺の積分の値は有限であるので，積分の順序を変えることができる．

$$\ln \frac{g(t)}{g(0)} = -\int_0^t J(t')dt' \int_{t'}^t \int_D Z(P',\tau,t')v(P',t)dSd\tau \qquad (4.88)$$

時間t'で核形成した安定核のtにおける体積は以下のように表せる．

$$v(t,t') = \int_{t'}^t \int_D Z(P',\tau,t')v(P',t)dSd\tau \qquad (4.89)$$

時間 $t = 0$ では $g(0) = 1$ であるので，式 (4.89) を式 (4.88) に代入すると Kolmogorov-Johnson-Mehl-Avrami の式が得られる．

$$f(t) = 1 - \exp\left(-\int_0^t J(t')V(t,t')dt'\right) \qquad (4.90)$$

上記の式では拡張体積 V_{ex} は以下のように表せる．

$$V_{ex} = \int_0^t J(t')V(t,t')dt' \qquad (4.91)$$

4.4 ケーススタディ1. 変態曲線の解析

Kolmogorov-Johnson-Mehl-Avrami 型の式 (以下，KJMA の式) を利用した変態曲線の解析について紹介する．前節で検討したように KJMA の式は相変態の全体的な挙動を記述する式であるが，単に変態率 (fraction transformed) の時間変化を示す式ではなく，そのなかには変態挙動を詳細に解析できる情報が含まれている．

前節でも述べたように，変態曲線 (phase transformation curve) の解析によく使われているのは，以下の Avrami の式である．

$$f(t) = 1 - \exp(-Ct^n) \qquad (4.92)$$

ここで C と n は定数である．以下のように式 (4.92) を変形し

$$\ln\left(\ln\frac{1}{1-f(t)}\right) = C + n\ln t \qquad (4.93)$$

$\ln t$ に対して $\ln[\ln[1/(1-f(t))]]$ をプロットすれば直線となることが期待され，直線の傾きより指数 n を求めることができる．n の値は通常 1〜4 までの値をとり，この値を求めることにより，変態の律速過程が推定できるとされている．

しかしながら Avrami の式 (4.92) と以下の KJMA の式を比較すればわかるように，Avrami の式は KJMA の式において変態率 $J(t)$ を $J(t) = C_0\delta(t)$ ($\delta(x)$ は Dirac の δ 関数)，t における安定核の体積 $V(t,t')$ を $C_1 t^n$ に置いた場合に相当し，時間 0 で核形成がいっせいに起こり，一定の速度で成長しているというきわめて特殊な場合にしか適用できない．

$$f(t) = 1 - \exp\left(-\int_0^t J(t')V(t,t')dt'\right) \tag{4.94}$$

さて，以下にKJMAの式を利用して，変態曲線を解析する方法について説明する．ここで以下の二つの仮定を行う．

(1) 核形成頻度 $J(t)$ の時間依存性は $J(t) = J_S(1 - \exp(-At))$ で表される．
(2) t' で核形成した安定核の t における体積は核形成後の経過時間 $t - t'$ のみの関数で表される．

仮定(1)は核形成理論の項を見ればわかるように，妥当な仮定である．仮定(2)についても相変態中に過飽和度が急速に変動するような場合を除けば，比較的受け入れやすい仮定といえよう．

以下に示すように，変態率そのものを解析するより，拡張体積 $V_{ex} = \int_0^t J(t') V(t,t')dt'$ の時間変化を解析するほうが簡単である．V_{ex} は変態率より以下のように計算できるので，変態曲線から拡張体積の時間変化を求めるのは容易である．

$$V_{ex} = \ln\left(\frac{1}{1 - f(t)}\right) \tag{4.95}$$

仮定(1)，(2)を用いて拡張体積の式を書き換える．

$$V_{ex}(t) = J_s\left[\int_0^t V(t - t')(1 - \exp(-At'))dt'\right] \tag{4.96}$$

ここで $t'' = t - t'$ という変数変換を行うと

$$V_{ex}(t) = J_s\left(\int_0^t V(t'')dt'' - \exp(-At)\int_0^t V(t'')\exp(At'')dt''\right) \tag{4.97}$$

が得られる．ここで式(4.97)の両辺を t で微分し，$V(0) = 0$ という関係を利用すれば，以下の式が得られる．

$$\frac{\exp(At)}{AJ_s}\frac{dV_{ex}}{dt} = \int_0^t V(t'')\exp(At'')dt'' \tag{4.98}$$

さらに式(4.98)の両辺を t で微分し，整理すれば以下の式が得られる．

$$V(t) = \frac{1}{J_s A}\left(A\frac{dV_{ex}}{dt} + \frac{d^2 V_{ex}}{dt^2}\right) \tag{4.99}$$

ここで，定常核形成頻度 J_s は $V(t)$ を記述する式の比例定数であり，アジャスタブルパラメータとして残すことができる．A は核形成理論から求めることが

4.4 ケーススタディ1. 変態曲線の解析

可能であるので，変態曲線から安定核の体積の時間変化を推定できることが示された。

つぎに変態曲線からサイズ分布を推定する方法について検討する。ここで，時間 t_0 から $t_0 + \Delta t$ の間に核形成した安定核が，時間 t においてどれだけの体積を占めるかを計算してみる。求める体積を $\Delta f(t_0)$ とする。時間 t'' 以降に核形成した安定核の t における変態率への寄与を $f'(t, t'')$ とする。$f'(t, t'')$ は以下の式で表せる。

$$f'(t, t'') = 1 - \exp\left(-\int_{t''}^{t} J(t') V(t, t') dt'\right) \tag{4.100}$$

したがって $\Delta f(t_0)$ は

$$\begin{aligned}\Delta f(t_0) &= f'(t, t_0) - f'(t, t_0 + \Delta t) \\ &= \exp\left(-J_s \int_{t_0 + \Delta t}^{t} V(t - t')(1 - \exp(-At')) dt'\right) \\ &\quad - \exp\left(-J_s \int_{t_0}^{t} V(t - t')(1 - \exp(-At')) dt'\right)\end{aligned} \tag{4.101}$$

となる。時間 $\Delta t \to 0$ では

$$\lim_{\Delta t \to 0} \frac{\Delta f(t_0)}{\Delta t} = \frac{d}{dt_0}\left(\exp\left(-J_s \int_{t_0}^{t} V(t - t')(1 - \exp(-At')) dt'\right)\right) \tag{4.102}$$

となる。式 (4.102) の右辺を計算すると，つぎのようになる。

$$\begin{aligned}\frac{\Delta f(t_0)}{\Delta t} &= J_s V(t - t_0)(1 - \exp(-At_0)) \\ &\quad \times \exp\left(-J_s \int_{t_0}^{t} V(t - t')(1 - \exp(-At')) dt'\right)\end{aligned} \tag{4.103}$$

時間 t_0 から $t_0 + \Delta t$ の間に単位体積当り $J_s(1 - \exp(-At_0))$ の核が生成するが，すでに $f(t_0)$ の部分は変態しているので，核の数は $J_s(1 - f(t_0))(1 - \exp(-At_0))$ となる。式 (4.102) より，時間 t_0 から $t_0 + \Delta t$ に核形成した t における平均体積は

$$V_{av} = \frac{V(t - t_0)}{1 - f(t_0)} \exp\left(-J_s \int_{t_0}^{t} V(t - t')(1 - \exp(-At')) dt'\right) \tag{4.104}$$

となる。$V(t-t')$ を変態曲線より求め，式 (4.104) を用いて平均体積の推定が可能である。これと核の数を対応させれば，サイズ分布を求めることができる。

4.5　ケーススタディ2．結晶粒成長

界面移動モデルを用いて，結晶粒成長挙動の解析を行う。ここでは結晶粒は球形であると仮定する。結晶粒成長速度 dR/dt は，以下の式で表されることはすでに説明したとおりである。

$$\frac{dR}{dt} = \alpha M \sigma \left(\frac{1}{R_c} - \frac{1}{R(t)} \right) \qquad (4.105)$$

ここで $2K\Gamma = \alpha M\sigma$ とした。M は粒界の易動度，σ は粒界エネルギー，α は無次元の定数である。Hillert[12]は，LSW 理論で用いられたものと類似の解析方法を使って式 (4.105) から粒径分布 (size distribution function)，成長速度係数 (exponent for grain growth) を求めた。相対サイズ u を

$$u = \frac{R}{R_c} \qquad (4.106)$$

とし，時間に依存する変数 τ を

$$\tau = \ln R_c^2 \qquad (4.107)$$

で定義すれば，式 (4.105) は以下のように書き換えられる。

$$\frac{du^2}{d\tau} = \gamma(u-1) - u^2 \qquad (4.108)$$

ここで γ は

$$\gamma(t) = 2\alpha M \sigma \frac{dt}{dR_c^2} \qquad (4.109)$$

である。

これらの式は，LSW 理論の式の 3 を 2 に変えたものであることに気が付くだろう。漸近挙動についても LSW と類似の解析法が使える。関数 $\gamma(\tau)$ は $\gamma = \gamma_0 = 4$ のとき有限な値に漸近する。$\gamma = \gamma_0$ において，式 (4.109) は以下のように書くことができる。

$$\frac{du}{d\tau} = -\frac{(2-u)^2}{2u} \tag{4.110}$$

つぎに粒径分布関数を求めてみよう。相対粒径 u から $u + du$ である粒の数を $\phi(u, \tau)$ とすれば、この粒径分布関数 $\phi(u, \tau)$ は以下の連続の式を満足する。

$$\frac{\partial \phi}{\partial \tau} + \frac{\partial}{\partial u}\left(\phi \frac{du}{d\tau}\right) = 0 \tag{4.111}$$

式 (4.111) の解は以下のような形式で表される。

$$\phi(u, \tau) = \frac{\chi(\tau - \psi(u))}{du/d\tau} \tag{4.112}$$

式 (4.110) から $du/d\tau$ は τ には依存しないので

$$\frac{d\psi}{du} = \frac{1}{du/d\tau} \tag{4.113}$$

である。式 (4.113) を積分して

$$\psi = \int_0^u \frac{du}{du/d\tau} = -2\left(\ln \frac{2-u}{2e} + \frac{2}{2-u}\right) \tag{4.114}$$

粒の総体積は以下の式で計算できる。

$$\begin{aligned} K &= \int_0^2 R^\beta \phi du = \int_0^2 u^\beta R_c^\beta \phi du \\ &= \int_0^2 \exp\left(\frac{\beta \tau}{2}\right) u^\beta \frac{\chi}{du/d\tau} du \end{aligned} \tag{4.115}$$

ここで β は空間次元である。式 (4.115) の積分は τ に依存しないので、χ は以下の形式で表される必要がある。

$$\chi(\tau - \psi) = A \exp\left(-\frac{\beta(\tau - \psi)}{2}\right) \tag{4.116}$$

ここで A は定数である。式 (4.116) を式 (4.112) に代入すると以下の式が得られる。

$$\phi = \frac{A \exp(-\beta(\tau - \psi)/2)}{du/d\tau} \tag{4.117}$$

系の粒の総数は

$$\begin{aligned} N(\tau) &= \int_0^2 \phi du = \int_0^2 \phi \frac{du}{d\psi} d\psi \\ &= -A \exp\left(-\frac{\beta \tau}{2}\right) \int_0^\infty \exp\left(-\frac{\beta \psi}{2}\right) du \end{aligned}$$

$$= \frac{2A}{\beta}\exp\left(-\frac{\beta\tau}{2}\right) = \frac{2A}{\beta}R_c^{-\beta} \tag{4.118}$$

粒径分布関数 $P(u)$ を以下のように定義すると

$$P(u) = \frac{\phi(u,\tau)}{N(\tau)} = \frac{\beta\exp(\beta\psi/2)}{2(du/d\tau)} \tag{4.119}$$

式 (4.108) と式 (4.112) を式 (4.119) に代入すると

$$P(u) = \frac{\beta u(2e)^\beta}{(2-u)^{\beta+2}}\exp\left(-\frac{2\beta}{2-u}\right) \tag{4.120}$$

関数 $P(u)$ を図 **4.7** に示す。平均粒径は

$$\bar{u} = \int_0^2 uP(u)du = \int_0^2 \frac{\beta u^2(2e)^\beta}{(2-u)^{\beta+2}}\exp\left(-\frac{2\beta}{2-u}\right)du \tag{4.121}$$

変数変換 $x = 1/(2-u)$ を行うと，式 (4.121) は以下のようになる。

$$\bar{u} = \int_{1/2}^\infty \beta(2e)^\beta(4x^\beta - 4x^{\beta-1} + x^{\beta-2})\exp(-2\beta x)dx \tag{4.122}$$

式 (4.122) の積分を実行すると，空間 2 次元では 1，空間 3 次元では 8/9 となる。したがって定常粒成長 (normal grain growth) は，空間 2 次元では

$$R = R_c = \left(\frac{\alpha M\sigma}{2}t\right)^{1/2} \tag{4.123}$$

空間 3 次元では

$$R = R_c = \frac{8}{9}\left(\frac{\alpha M\sigma}{2}t\right)^{1/2} \tag{4.124}$$

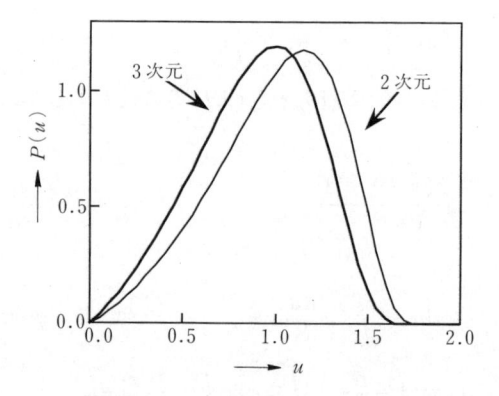

図 **4.7** 粒径分布関数 $P(u)$ の形状

以上の結果から平均粒径は時間の1/2乗に比例して大きくなることが示された。高純度金属では上記の結果が再現できるが,実用材料では不純物による粒界移動阻止効果(solute drag effect),不純物の粒界への偏析(grain boundary segregation)などがあり,式(4.124)はそのままの形では使えないが,1/2乗則は成り立つ。析出物による粒界のピン止め(pinning)がある場合には析出物のサイズと体積分率の比で結晶粒径が決まるが,析出物サイズはLSW理論から時間の1/3乗に比例するので,平均結晶粒径も時間の1/3乗に比例して大きくなる。

章 末 問 題

(1) 4.3節で示した方法を用いなくとも,おのおのの析出物の体積が小さいときに変態率$x(t)$が以下の式で表されることを示せ。

$$x(t) = 1 - \exp(-V_x)$$

ここでV_xは拡張体積である。

[ヒント]　$y(t) = 1 - x(t)$は未変態率である。全体の体積を1とし,各析出物の体積をv_i ($i = 1, \cdots, n$)とする。$y(t)$は以下の式で表される。

$$y(t) = \prod_{i=1}^{n}(1 - v_i)$$

さらに$v_i(x) \ll 1$とし,$x \ll 1$のとき$\ln(1 - x) \approx -x$となることを利用せよ。

(2) 式(4.122)の積分を計算し,$\bar{u}$が空間2次元では1,空間3次元では8/9となることを示せ。

引用・参考文献

1) I.M. Lifshitz and V.V. Slyozov: J. Phys. Chem. Solids, **19**, p.35 (1961)

2) E.M. Lifshitz and L.P. Pitaevskii: "Physical Kinetics", Pergamon Press (1981)

3) C. Wagner: Z. Electrochem, **19**, p.201 (1961)

4) J.W. Cahn: Acta Metall., **9**, p.795 (1961)

5) S.M. Allen and J.W. Cahn: Acta Metall., **27**, p.1085 (1979)

6) 小林昭七："曲線と曲面の微分幾何学"，裳華房 (1977)

7) A.N. Kolmogorov: Izv. Akad. Nauk SSSR, Ser. Matem., **3**, p.355 (1937)

8) W.A. Johnson and R.F. Mehl Trans. AIME, **135**, p.416 (1939)

9) M. Avrami: J. Chem. Phys, **7**, p.1103 (1939)

10) A.A. Chernov: "Modern Crystallography III Crystal Growth", Springer-Verlag (1984)

11) Y. Saito: "Computational Materilas Design" (T. Saito Ed.), p.195, Springer-Verlag (1999)

12) M. Hillert: Acta Metall., **13**, p.227 (1965)

5 組織形成のコンピュータシミュレーション

　一見複雑そうに見える材料の組織形成過程も，簡単な偏微分方程式で記述できることを学んできた．現象の本質的な理解のためには，実験と並行して理論的な解析を行うことが重要であることはいうまでもない．一方，数値計算により偏微分方程式を具体的に解いたり，コンピュータシミュレーションにより，実験の代替を行うことができれば，理解の範囲が広がることも事実である．

　近年のハードウェア技術の発展とともに，アプリケーションソフトウェアの整備も進み，材料科学分野でのコンピュータシミュレーションの対象も広がり，電子構造設計から構造力学まで多様な研究が行われてきたことは周知のとおりである．特に，パーソナルコンピュータやワークステーションの性能向上は目覚しく，簡単なことであれば，すぐにその場でシミュレーションが行えるようになったことの意義は大きい．

　まずは計算材料科学 (computational materials science) の現状について概観し[1],[2]，現段階では組織形成のシミュレーション方法として最も妥当であると筆者が考えるメゾスコピックモデル (mesoscopic model) のなかから，モンテカルロ法 (Monte Carlo method) と広い意味でのフェーズフィールド法について基本事項を述べ，その相互関係についても検討する．さらに，これまで学んできた組織形成の動力学の問題のなかから，相分離と界面移動の二つの現象を取り上げて，具体的なシミュレーション方法を紹介する．

5.1 計算材料科学概観

材料科学分野におけるコンピュータシミュレーション技術の発展は目を見張るものがあり，一昔前は夢物語であった第一原理計算 (first principle calculation) も半導体表面や生体高分子などの分野においてはごく標準的なシミュレーション手法になりつつある．

構造材料を考えてみても，材料特性を支配する主要な要因である材料の組織と構造の直接的な予測，あるいは材料特性と密接な関係がある物性値の予測が，現在でも一定レベル以上の段階で可能であり，材料特性値との間に成立する関係を念頭におくことにより，注目している特性値の予測・制御が可能となり，材料開発の効率化が図れ，また通常の手段よりも高性能の材料の開発が可能となりつつある．一方，多様な側面を持つ材料組織の時間・空間的な変化のモデル化はこれまでの多くの研究者の努力にもかかわらず，依然として困難な問題として残されている．こうした現状を踏まえて，組織形成過程のコンピュータシミュレーションについて考えてみたい．

コンピュータシミュレーションモデルは，対象とする系の原子数に応じて，ミクロ (原子レベル)，メゾスコピック (中間レベル，組織の構成因子)，マクロ (平均的組織因子) の三つの階層に分けられる．ミクロレベルのシミュレーションを活用したのが物質設計であり，メゾスコピックあるいはマクロなシミュレーションにより，材料設計・材質予測がなされる．

物質設計においては非経験的な計算が指向され，ポテンシャルを量子力学的に計算し，運動は分子動力学により計算するという Car-Parrinello 法に代表される第一原理分子動力学によるシミュレーションが，最近各分野で行われるようになった．狭い意味での計算材料科学は第一原理計算を指すことも多い．原子レベル，電子状態まで考慮したミクロモデルによる金属組織・構造の予測は開発途上であるが，特定の現象や特性に注目すると現実の問題でも十分効果を発揮しうるが[3]，ミクロモデルから金属材料の構造・組織を予測し，その結果

から材料特性を予測するという一貫したシミュレーションは現状ではかなり困難と考えられる。

またマクロモデルにおいても,熱力学を基礎とした解析は,経験的なパラメータを併用することにより,実用材料の設計に大きな力を発揮する。状態図をコンピュータにより予測することはそう古い話ではなく1970年ごろからスタートしたが[4],最近では計算アルゴリズムの改良とデータベースの整備が進み,構造材料にかぎらず,材料設計の必須の手段となっている。また組織形成のシミュレーションを利用した材料開発も行われつつあり,鉄鋼材料の加工熱処理 (thermomechanical control process) のシミュレーションはその代表的な例である[5]。既存技術の最適化を主たる目的とし,また実製造工程での利用の見地から近似や簡易化を行っているため,材料の組織形成の各段階には必ずしもそのまま適用可能とはかぎらない。したがって,構造・組織因子の時空間的な分布に注目した材料設計・シミュレーションに関しては,あまり大きな力を発揮できるとは考えられない。

多面性を持つ構造・組織因子の時空間的な変化を記述するのに適しているのはメゾスコピックモデルであろう。メゾスコピックモデルによる組織予測には,モンテカルロ法に代表される確率論に基づく方法と,Cahn-Hilliard方程式のような偏微分方程式の数値解による方法との二つのアプローチ法がある。いずれも組織形成に及ぼす幾何学的な要因の効果を記述することが可能であり,シミュレーションにより得られた組織・構造に基づいた比較的現実に近い材料特性の予測ができることから,今後の発展が期待できる。

5.2 モンテカルロ法による組織形成過程予測の基礎

M.P. AllenとD.J. Tildesleyの本[6]によれば,第二次大戦中に核分裂性物質の中性子の拡散の研究のため,von Neumann, UlamおよびMetropolisにより開発された計算法がモンテカルロ法の始まりだそうである。大量の乱数を使う

ことから，Metropolis がモンテカルロ[†](Monte Carlo) という名前を付けたとのことである．

5.2.1 モンテカルロ法の基礎

シミュレーションの対象としている系はきわめて多数の粒子を含み，きわめて多くの自由度を持つ．熱力学では系の巨視的な状態 (macrostate) を記述できるが，ここでは力学的に可能なかぎり精密に指定する方法を考える．1 個の粒子のある瞬間の状態は，位置と運動量の 6 次元空間内の 1 点で指定できる．すべての粒子の状態，すなわち $6N$ 個の変数を座標とする $6N$ 次元系の空間の各点 (位相点) を指定することにより，系全体を表すことができる．系の各粒子の位置と運動量をすべて指定して区別した系の状態を微視状態 (microstate) という．ここで定義した $6N$ 次元空間を Γ 空間という．

巨視的な観測で得られる物理量 A の値を微視的に見ると，それぞれの微視状態である値を持つ．各点における期待値がその微視的な値である．巨視的な観測値 A_{obs} は，微視的な A の長時間平均に相当する．

$$A_{obs} = \lim_{t_{ex} \to \infty} \frac{1}{t_{ex}} \int_{t_0}^{t_{ex}} A(\Gamma) dt \tag{5.1}$$

しかし粒子数が多いので，この時間に関する積分を実行するのは不可能である．そこで Boltzmann は長時間のうちに，粒子の運動の軌跡は Γ 空間のエネルギーが $E \sim E + \delta E$ の範囲にある領域を一様に塗りつぶすと考えれば，そのような Γ 空間の領域で A を平均するということで置き換えられることを示した．

さらに Gibbs は，Γ 空間の $E \sim E + \delta E$ の領域について位相平均するということは，その領域から体積 $\Delta = h^{3N}$ に 1 個の割合で位相点を選んできて[††]，それぞれの位相点に対応する微視状態について平均をとったものと同等であるとした．Gibbs の方法は問題としている系と同一構造の系を多数個，仮想的に想定し，その集団 (ensemble)(統計集団) から任意に選んだ系を多数集めた集団 (統

[†] モナコにあり，世界的に有名なカジノがある．

[††] h は Plank 定数である．

計集団)をつくる.このような統計集団についてAの平均A_{ens}をとり,これが観測値A_{obs}であると考える.

$$A_{obs} = A_{ens} = \int_{\Gamma} A(\Gamma)\rho(\Gamma)d\Gamma \qquad (5.2)$$

ここで$\rho(\Gamma)$は相空間確率密度分布関数(phase space density function)である.$\rho(\Gamma)$はΓ空間の点Γから$d\Gamma$内にある微視状態が実現される確率を表す.

微視状態は必ずΓ空間のどこかに存在しているので

$$\int_{\Gamma} \rho(\Gamma)d\Gamma = 1 \qquad (5.3)$$

相空間確率密度分布関数に関して,以下のLiouvilleの定理(Liouville theory)が成り立つ.

$$\frac{\partial \rho(\Gamma)}{\partial t} = 0 \qquad (5.4)$$

モンテカルロ法では温度Tの外界(熱源)と熱平衡にある体積Vと粒子数Nを考える.N, V, Tが一定の状態にある系がエネルギーが$E(\Gamma)$となる微視状態に見出される確率がBoltzmann分布$\exp(-E/k_B T)$に比例し,以下のように表せる.

$$W_{NVT}(\Gamma) = \frac{1}{N!h^{3N}} \exp\left(-\frac{E}{k_B T}\right) \qquad (5.5)$$

また分配関数(partition function)Z_{NVT}は

$$Z_{NVT} = \int_{\Gamma} W_{NVT}(\Gamma)d\Gamma = \frac{1}{N!h^{3N}} \int_{\Gamma} \exp\left(-\frac{E}{k_B T}\right) d\Gamma \qquad (5.6)$$

となる.この分布をカノニカル分布(canonical distribution, 正準分布),ここで規定される統計集団をカノニカル集団(canonical ensemble, 正準集団)という.

温度Tの熱源と熱平衡状態にある系で観測される物理量Aの値は,カノニカル集団に対する平均で与えられると考える.

$$A_{obs} = \frac{\int_{\Gamma} A\exp(-E(\Gamma)/(k_B T))d\Gamma}{\int_{\Gamma} \exp(-E(\Gamma)/(k_B T))d\Gamma} \qquad (5.7)$$

粒子数Nが多いので$6N$次元の積分は事実上不可能である.そこで相空間の積

分に変えて多数個の位相点をランダムに抽出し,その統計平均を求めることにすれば計算量は大幅に減少する.

$$A_{obs} = \frac{\sum_{i=1}^{M} A(\Gamma_i)\exp(-E(\Gamma_i)/(k_B T))}{\sum_{i=1}^{M} \exp(-E(\Gamma_i)/(k_B T))} \tag{5.8}$$

ここで$M \to \infty$とすれば式(5.8)は積分(5.7)のいい近似となる.

このサンプリング法は単純サンプリング法(simple sampling)と呼ばれるが,この方法の利点は,取り出した位相点はそれぞれ独立であり,通常の統計的方法により処理できることにある.しかし,ほとんどの位相点の配置が統計平均への寄与が無視できるほど小さいため,効率が悪く,意味のある結果を得るためにはばくだいな数のサンプリングが必要であることが問題である.

もっと効率的な位相点配置のサンプリング法は,メトロポリスにより考案された重み付サンプリング法(importance sampling)である[7].この方法では,相空間から特定の位相点配置を抽出するとき,問題となる温度でその位相点配置の寄与が大きいかどうかによりその位相点配置を選択する確率を変える.もしある特定の位相点配置Γ_iを確率$\rho(\Gamma_i)$で選択したとすると,統計平均は

$$A_{obs} = \frac{\sum_{i=1}^{M} A(\Gamma_i)\dfrac{\exp(-E(\Gamma_i)/(k_B T))}{\rho(\Gamma_i)}}{\sum_{i=1}^{M} \dfrac{\exp(-E(\Gamma_i)/(k_B T))}{\rho(\Gamma_i)}} \tag{5.9}$$

となる.もし$\rho(\Gamma_i)$をBoltzmann因子にとれば,式(5.9)の和は

$$A_{obs} = \frac{\sum_{i=1}^{M} A(\Gamma_i)}{M} \tag{5.10}$$

は単純平均となり,重み付サンプリングの対象となる各位相点配置に関して平均すれば,巨視的な物理量Aを評価できることになる.この場合,各サンプリングは独立ではなく,Markov過程を介して位相点配置の時間的な変化を予測

する.

Markov過程では，$t=i+1$における配置Γ_{i+1}は$t=i$の配置Γ_iの情報のみにより決定される．Γ_iからΓ_{i+1}への条件付遷移確率(conditional transition probability)を$W(\Gamma_i,\Gamma_{i+1})$とする．M回のサンプリングにより，以下の式で記述される平衡分布$\rho_{eq}(\Gamma)$に達するよう$W(\Gamma,\Gamma')$を決定する．

$$\rho_{eq} = \frac{\exp(-E(\Gamma))}{\sum_M \exp(-E(\Gamma))} \tag{5.11}$$

Markov過程(Markov process)はつぎの条件を満足する必要がある．

(1) 規格化条件(normalization)：$\sum_{\Gamma'} W(\Gamma,\Gamma') = 1$
(2) エルゴード性(ergodicity)：任意のΓ，Γ'に対して$W(\Gamma,\Gamma') > 0$
(3) 極限分布(limiting probability)ρ：$\sum_{\Gamma} \rho(\Gamma)W(\Gamma,\Gamma') = \rho(\Gamma')$

これら三つの条件を満足するように遷移確率$W(\Gamma,\Gamma')$を一意的に決定する方法はない．しかし十分条件としては以下の詳細釣合い条件(principle of detailed balance)が満足されればよい．

$$\rho_{eq}(\Gamma)W(\Gamma,\Gamma') = \rho_{eq}(\Gamma')W(\Gamma',\Gamma) \tag{5.12}$$

詳細釣合い条件を満足する解も一意的ではない．よく使われる確率関数の解として，以下の二つの場合がある．

(1) メトロポリスの解(Metropolis solution)[7]

$$W(\Gamma,\Gamma') = \begin{cases} \exp\left(-\dfrac{\Delta E}{k_B T}\right) & (\Delta E > 0) \\ 1 & (\Delta E \leqq 0) \end{cases} \tag{5.13}$$

(2) 対称解(symmetrical solution)[8]

$$W(\Gamma,\Gamma') = \frac{\exp(-\Delta E/(k_B T))}{1 + \exp(-\Delta E/(k_B T))} \tag{5.14}$$

ここでΔEはΓからΓ'への配置の変化に伴うエネルギーの変化を表す．

$$\Delta E = E(\Gamma') - E(\Gamma) \tag{5.15}$$

組織形成のような系の時間変化に関しては，以下に示すマスター方程式(master

equation) を用いることにより，モンテカルロ法を使うことができる[9]。

$$\frac{\partial \rho(\Gamma,t)}{\partial t} = \sum_{\Gamma'} \rho(\Gamma',t)W(\Gamma',\Gamma) - \sum_{\Gamma} \rho(\Gamma,t)W(\Gamma,\Gamma') \qquad (5.16)$$

ここでは確率分布関数 $\rho(\Gamma,t)$ は時間の関数である。

5.2.2 モンテカルロ法のマスター方程式と Cahn-Hilliard 方程式との関係

離散的な格子点配置の変化を記述するマスター方程式 (5.16) と組織形成との関係を考える。ここでは，簡単のため A-B 2元合金を考える。現象論的なモデルを念頭において，個々の原子に注目するより，粗雑視された (coarse-grained) セル間の相互作用に注目する。式 (5.16) の位相点配置を粗雑視された B 原子の濃度とすると，以下の運動方程式が得られる[10]。

$$\frac{\partial \rho(\{c\},t)}{\partial t} = \sum_{\{c_\alpha\}} (\rho(\{c'\},t)W(\{c'\},\{c\}) - \rho(\{c\},t)W(\{c\},\{c'\})) \qquad (5.17)$$

ここで，$\rho(\{c\},t)$ は確率密度関数，$\{c\} = (c_1, c_2, \cdots, c_M)$ は各セルの B 原子の濃度，$W(\{c'\},\{c\})$ は $\{c'\}$ から $\{c\}$ への遷移確率を示す。$\rho(\{c\},t)$ は以下の規格化条件を満足する。

$$\sum_{\{c_\alpha\}} \rho(\{c'\},t) = 1 \qquad (5.18)$$

c_α のセルの濃度が $c'_\alpha = c_\alpha + \epsilon$ に変化したとすると，系全体の濃度は一定なので，最近接のセルの一つである $c_{\alpha'}$ の濃度が $c'_{\alpha'} = c_{\alpha'} - \epsilon$ に変化し，その他のセルの濃度は変化しない。結果として $W(\{c\},\{c'\})$ は以下のように記述できる。

$$W(\{c\},\{c'\}) = \frac{1}{2}\sum_{\alpha,\alpha'}\prod_{\beta\neq\alpha,\alpha'}\delta(c'_\beta - c_\beta)D_{\alpha,\alpha'}$$
$$\times \int_{-\infty}^{\infty} d\epsilon R(\{c\},\{c'\})\delta(c'_\alpha - c_\alpha - \epsilon)\delta(c'_{\alpha'} - c_{\alpha'} + \epsilon) \qquad (5.19)$$

ここで $D_{\alpha,\alpha'}$ は α と α' が最近接であるとき 1 であり，他の場合には 0 である。$\delta(x)$ は Dirac の δ 関数である。また $R(\{c\},\{c'\})$ は $\{c\} \to \{c'\}$ への反応速度に

相当する。

定常状態での確率密度を $\rho_{eq}(\{c\}) \propto \exp(-F\{c\}/(k_B T))$ とし，詳細釣合い条件を考慮し，$R(\{c\},\{c'\})$ を求める。

$$R(\{c\},\{c'\}) = \exp\left(-\frac{F\{c'\}-F\{c\}}{2k_B T}\right)\Omega(\{c\},\{c'\}) \quad (5.20)$$

ここで $F\{c\}$ は粗視化された自由エネルギー汎関数である。特定のセル濃度に対する原子配列の縮退を考慮しているため，式(5.20)では内部エネルギーの代わりに自由エネルギーを用いる。$\Omega(\{c\},\{c'\})$ は反応前後の状態 $\{c\},\{c'\}$ に関して対称であり，局所的な濃度変化 ϵ のみに依存する。1回の配置交換による濃度変化は小さいので，$\Omega(\epsilon)$ は $\epsilon=0$ に鋭いピークを持つ対称関数である。

原子のジャンプ頻度 Γ を以下のように定義する。

$$\int_{-\infty}^{\infty} \epsilon^2 \Omega(\epsilon) d\epsilon \equiv N_c^{-(1+2/d)} \Gamma \quad (5.21)$$

ここで d は次元，N_c はセル中の原子の数，Γ は現象論的な適応係数である。最終的な式が仮想的に導入したセルの原子数に依存しないようにするため，式(5.21)で $N_c^{-(1+2/d)}$ という因子を導入した。式(5.21)を式(5.17)に代入すると以下の式が得られる。

$$\begin{aligned}\frac{\partial \rho(\{c\},t)}{\partial t} = &\frac{1}{2}\sum_{\alpha,\alpha'} D_{\alpha,\alpha'} \int_{-\infty}^{\infty} d\epsilon \Omega \left(\exp\left(\frac{\Delta F}{2k_B T}\right)\right.\\ &\times \rho(\cdots, c_\alpha+\epsilon, c'_\alpha-\epsilon, \cdots) - \exp\left(\frac{-\Delta F}{2k_B T}\right)\\ &\left.\times \rho(\cdots, c_\alpha, c'_\alpha, \cdots)\right)\end{aligned}$$
$$(5.22)$$

ここで ΔF は

$$\Delta F \equiv F\{c_\alpha+\epsilon, c'_\alpha-\epsilon\} - F\{c_\alpha, c'_\alpha\}$$

である。

ϵ が小さく，$\Delta F \ll 1$ であるから，式(5.17)～(5.21)により，以下のFokker-Planck方程式を導出できる。

$$\frac{\partial \rho(\{c\},t)}{\partial t} = -\sum_\alpha \frac{\partial J_\alpha(\{c\},t)}{\partial c_\alpha} \tag{5.23}$$

J は物質流であり，以下のように記述できる．

$$J_\alpha(\{c\},t) = \sum_\beta \Gamma_{\alpha\beta} \left(\frac{\rho(\{c\},t)}{k_B T} \frac{\partial F}{\partial c_\beta} + \frac{\partial \rho(\{c\},t)}{\partial c_\beta} \right) \tag{5.24}$$

また $\Gamma_{\alpha\beta}$ は

$$\Gamma_{\alpha\beta} = \frac{\Gamma}{2N_c^{1+2/d}} \left(2d\delta_{\alpha\beta} - \sum_{\alpha,\alpha'} \delta_{\alpha'\beta} \right) \tag{5.25}$$

であり，有限差分法における2階微分演算子に比例する．

$$\Gamma_{\alpha\beta} = \frac{\Gamma a^{2+d}}{2} \nabla^2(\vec{r}-\vec{r'}) \tag{5.26}$$

ここで a は格子定数である．

式 (5.23) の1次モーメントを計算することにより Cahn-Hilliard 方程式が得られる．c_α の統計的平均を

$$\bar{c}_\alpha = \int c_\alpha \rho \delta c \tag{5.27}$$

とおき，$\bar{c}_\alpha$ の時間発展を以下の式により計算する．

$$\frac{\partial \bar{c}_\alpha}{\partial t} = \int \frac{\partial \rho}{\partial t} c_\alpha \delta c = \int J_\alpha\{c\}\delta c = -\sum_\beta \frac{\Gamma_{\alpha\beta}}{k_B T} \int \frac{\partial F}{\partial c_\beta} \rho \delta c \tag{5.28}$$

ここで $\overline{\partial c_\alpha/\partial t} = \int \partial c_\alpha/\partial t \delta c = 0$ ということを使った．

離散的な位相点配置を連続的な座標に置き換えるため，$\vec{r}$ を配置 α に対応させ，和を

$$\sum_\alpha \cdots = \frac{1}{N_c a^d} \int d\vec{r} \cdots \tag{5.29}$$

という操作により積分で置き換え，また

$$\frac{\partial}{\partial c_\alpha} = N_c a^d \frac{\delta}{\delta c(\vec{r})} \tag{5.30}$$

とすると，以下の式が得られる．

$$\frac{\partial \bar{c}_\alpha(\vec{r})}{\delta t} = \frac{\Gamma a^{2+d}}{2k_B T} \nabla^2 \left\langle \frac{\delta F}{\delta c(\vec{r})} \right\rangle \tag{5.31}$$

ここで $\langle \cdots \rangle$ は ρ に関する統計平均を示す．確率密度関数 ρ が $\{c\} = \{\bar{c}\}$ に

鋭いピークを持つとすると式 (5.31) は以下のように書き換えることができる。

$$\frac{\partial \bar{c}_\alpha(\vec{r})}{\delta t} = \frac{\Gamma a^{2+d}}{2k_B T} \nabla^2 \left\langle \frac{\delta F\{\bar{c}\}}{\delta \bar{c}(\vec{r})} \right\rangle \tag{5.32}$$

3章に示したように，不均一系の自由エネルギー汎関数を以下のように記述できる。

$$F\{c\} = \int \left[f_0(c) + \frac{1}{2}K(\nabla c)^2 \right] d\vec{r} \tag{5.33}$$

式 (5.33) を式 (5.32) に代入することにより，以下の Cahn-Hilliard 方程式が得られる。

$$\frac{\partial \bar{c}_\alpha(\vec{r})}{\delta t} = \frac{\Gamma a^{2+d}}{2k_B T} \nabla^2 \left(\frac{\partial f_0}{\partial \bar{c}} - K \nabla^2 \bar{c} \right) \tag{5.34}$$

以上のようにモンテカルロ法のマスター方程式と Cahn-Hilliard 方程式を対応させることができた。また界面移動のように秩序変数 η が非保存の場合には同じようにして以下の Langevin 方程式を導くことができる。

$$\frac{\partial \eta}{\partial t} = -L \frac{\delta F}{\delta \eta} \tag{5.35}$$

ここで L は現象論的係数である。4章に示したようにこの式から Allen-Cahn の式を導出できる。このようにしてモンテカルロ法による原子配列予測とマクロな組織形成の対応付けが可能となる。

5.3　フェーズフィールド法

フェーズフィールド (phase field) 法は界面が有限の厚さ (diffuse interface) を持つとして，連続的な秩序変数によりエネルギー汎関数を求め，各秩序変数の時間発展を求める方法であり，組織形成の有力なシミュレーション法になりつつある。系の時間発展を記述する秩序変数が，時空間における相の場，すなわち phase field となる。

組織の時間発展を記述する基本方程式は，保存場 (conserved field) (例えば濃度) および非保存場 (nonconserved field) (例えば結晶方位) についてそれぞれ以下のように表される。

保存場
$$\frac{\partial c_i(\vec{r},t)}{\partial t} = \nabla \cdot \left[M(c_i(\vec{r},t),T) \nabla \left(\frac{\delta F_{sys}}{\delta c_i(\vec{r},t)} \right) \right] \quad (5.36)$$

非保存場
$$\frac{\partial s_i(\vec{r},t)}{\partial t} = -L(s_i(\vec{r},t),T) \left(\frac{\delta F_{sys}}{\delta s_i(\vec{r},t)} \right) \quad (5.37)$$

ここで $c_i(\vec{r},t)$ と $s_i(\vec{r},t)$ は，それぞれ位置 $\vec{r}$，時間 t における保存系および非保存系の秩序変数である．$M(c_i(\vec{r},t),T)$ と $L(s_i(\vec{r},t),T)$ は，保存場および非保存場の秩序変数の易動度で，秩序変数と温度 T の関数である．F_{sys} は系全体の自由エネルギー汎関数であり，化学自由エネルギー F_{chem}，界面エネルギー F_{int} のほか弾性ひずみエネルギーの和で表されるが，ここでは簡単のため弾性エネルギーの影響は考慮しない．

$$F_{sys} = \int (F_{chem}(c_i(\vec{r},t),s_i(\vec{r},t),T) \\ + F_{int}(c_i(\vec{r},t),s_i(\vec{r},t),T))d\vec{r} \quad (5.38)$$

式 (5.38) を式 (5.36) と式 (5.37) に代入すれば，Cahn-Hilliard 方程式および Allen-Cahn の式が得られ，それぞれの式の数値解を求めることにより，スピノーダル分解と結晶粒成長のシミュレーションが可能となる．

5.4 相分離のコンピュータシミュレーション

議論を簡単にするため，A-B 2元合金を考え，図 **5.1** に示すように高温単相状態から平衡温度以下に焼入れされた状態での組織形成 (相分離) を考える．フェライト系ステンレス鋼や2相ステンレス鋼の熱脆化 (475 ℃ 脆化) は，α' 相の2相分離による硬化が主たる原因であると考えられている．Fe-Cr 合金を例にとり，748 K (475 ℃) での相分離挙動の予測をモンテカルロ法と Cahn-Hilliard 方程式の数値解を直接求める方法の二つにより，シミュレーションを行った．

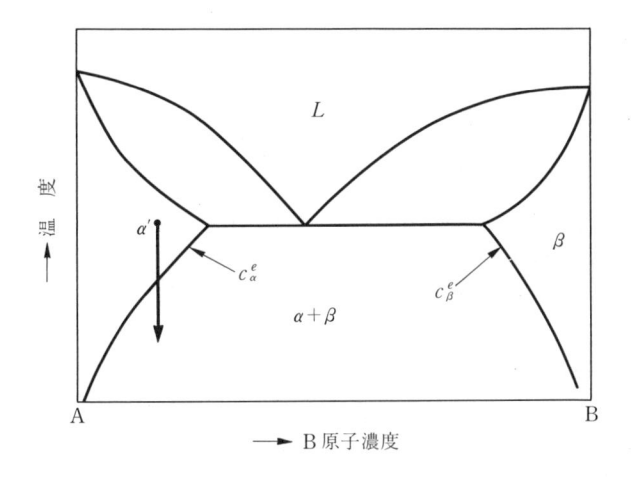

図5.1 高温単相状態から平衡温度以下に焼入れされたA-B 2元合金の相分離

5.4.1 モンテカルロ法によるシミュレーション

組織変化のシミュレーションの手順は以下のとおりである。
(1) 結晶中の原子を離散化した格子点に対応させる。
(2) 原子間の相互作用エネルギーを求める。以下に紹介するシミュレーション例では，簡単のため，原子間の相互作用エネルギーは原子の種類と原子間の距離rのみの関数で記述できると仮定している(Lennard-Jones 2体ポテンシャル)。i原子とj原子間の原子間ポテンシャル$e_{ij}(r)$は以下の式で記述できる。

$$e_{ij}(r) = e_{ij}^0 \left[\left(\frac{r_{ij}}{r} \right)^8 - 2 \left(\frac{r_{ij}}{r} \right)^4 \right] \quad (5.39)$$

ここでr_{ij}はi-j原子間ポテンシャルが最小になる原子間距離であり，$-e_{ij}^0$が最小エネルギーとなる。第1項は斥力を表し，第2項は引力を表す[†]。

[†] Lennard-JonesがArガスで使ったポテンシャルは斥力が12乗と引力が6乗であるが，Sanchez[11)]によれば金属ではそれぞれ8乗と4乗としたほうがいい近似になる。

(3) 原子配列の時間変化の確率を上記の相互作用エネルギーの関数として求め，組織変化を以下の手続きにより予測する．
a) 適当な初期配置を与える．
b) 試行を行う格子点をランダムに選択し，選択された格子点と任意の最隣接原子との位置を変えたものを仮の新しい原子配置とする[12]．
c) 原子配置の変化に伴うエネルギー変化 ΔE を計算し，新しい原子配置が採用される確率 W を以下の式により計算する．

$$W = \frac{\exp(-\Delta E/(k_B T))}{1+\exp(-\Delta E/(k_B T))} \tag{5.40}$$

(3)のステップを繰り返すことにより，組織変化のシミュレーションを行う．

Fe-Cr 2元状態図から Fe と Cr の原子間ポテンシャルパラメータ r_{ij}, e_{ij}^0 を

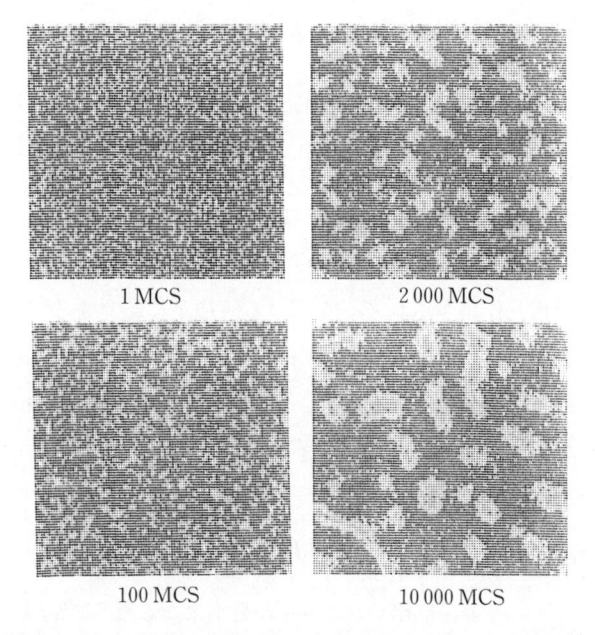

1 MCS   2 000 MCS

100 MCS   10 000 MCS

図 **5.2** モンテカルロ法による 748 K における Fe-30 質量％ Cr 合金の原子配列の時間変化の予測

評価した。

シミュレーション結果を図 **5.2** に示す．格子数 100^3 の体心立方格子で周期境界条件を用いて計算を行った．

図 **5.2** に示したのは (100) 面の原子配列であり，白い部分が Cr 原子のクラスタを示す．表示領域は約 25 nm^2 である．時間とともに Cr リッチ相，Fe リッチ相が明確になり，相分離が進行していることがわかる．得られた変調構造の周期は 3～5 nm である．相分離により Cr リッチ相が形成されると Cr-Cr 原子対，Fe-Fe 原子対の頻度が増加し，Fe-Cr 原子対の頻度が減少する．このため，原子対の頻度の変化は相分離の変化の一つの指標となる．

図 **5.3** は 748 K (475 ℃) における Fe-30 質量% Cr 合金の Cr-Cr 原子対，Fe-Cr 原子対の頻度の時間変化を示す．時間の経過とともに Cr-Cr 原子対の頻度が増加し，Fe-Cr 原子対の頻度が減少していく傾向を示す．これは時間とともに相分解が進行し，Cr リッチ相が形成されていくことを示唆している．

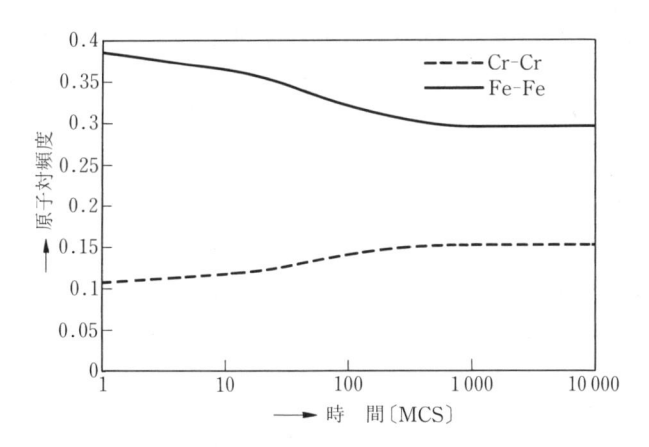

図 **5.3** モンテカルロ法による 748 K における Fe-30 質量% Cr 合金の原子対頻度の時間変化の予測

5.4.2 Cahn-Hilliard 方程式による相分離挙動の予測

Cahn-Hilliard 方程式 (5.34) を差分化すると以下のようになる．

$$\frac{c(\vec{r}, t+\Delta t) - c(\vec{r}, t)}{\Delta t} = \frac{M}{(\Delta \vec{r})^2} \sum_{NN} \left[\frac{\partial f_0(c)}{\partial c} - \frac{K}{(\Delta \vec{r})^2} \sum_{NN} c(\vec{r}, t) \right] \tag{5.41}$$

ここで2階微分演算子 $\sum_{NN}$ を関数 $F(x,t)$ に作用させると，1次元では

$$\sum_{NN} F(x, t) = F(x+\Delta x, t) + F(x-\Delta x, t) - 2F(x, t) \tag{5.42}$$

2次元では

$$\sum_{NN} F(x, y, t) = F(x+\Delta x, y, t) + F(x-\Delta x, y, t)$$
$$+ F(x, y+\Delta y, t) + F(x, y-\Delta y, t)$$
$$- 4F(x, y, t) \tag{5.43}$$

3次元では

$$\sum_{NN} F(x, y, z, t) = F(x+\Delta x, y, z, t) + F(x-\Delta x, y, z, t)$$
$$+ F(x, y+\Delta y, z, t) + F(x, y-\Delta y, z, t)$$
$$+ F(x, y, z+\Delta z, t) + F(x, y, z-\Delta z, t)$$
$$- 6F(x, y, z) \tag{5.44}$$

となる。

ここでは簡単のため，正則溶体モデルを用いて f_0 を記述し，相互作用パラメータを状態図より評価する．式(1.34)より Fe-Cr 2元系の自由エネルギーは以下のように記述できる[†]．Cr濃度を X とすると

$$f_0 = \Omega_{\text{FeCr}} X(1-X) + RT[X \ln X + (1-X) \ln (1-X)] \tag{5.45}$$

ここで R は気体定数であり，Ω_{FeCr} は Fe と Cr の相互作用パラメータであり，以下のように記述できる．

$$\Omega_{\text{FeCr}} = N_{AV} z \left[\epsilon_{\text{FeCr}} - \frac{1}{2}(\epsilon_{\text{FeFe}} + \epsilon_{\text{CrCr}}) \right] \tag{5.46}$$

[†] Gibbs の自由エネルギーの代わりに Helmholtz の自由エネルギーを用いている．

ただし N_{AV} は Avogadro 数,z は最近接原子サイト数[†],ϵ_{FeFe},ϵ_{CrCr} および ϵ_{FeCr} はそれぞれ Fe-Fe,Cr-Cr,Fe-Cr 原子対の結合エネルギーを表す.

f_0 を X で微分すると

$$\frac{\partial f_0}{\partial X} = \Omega_{\text{FeCr}}(1-2X) + RT[\ln X - \ln(1-X)] = 0 \tag{5.47}$$

が相境界を与え,さらに

$$\frac{\partial^2 f_0}{\partial X^2} = -2\Omega_{\text{FeCr}} + RT\left(\frac{1}{X} + \frac{1}{1-X}\right) = 0 \tag{5.48}$$

によりスピノーダル線を求めることができる.$X=0.5$ において,$T=T_c$ が相分離の臨界温度とすると

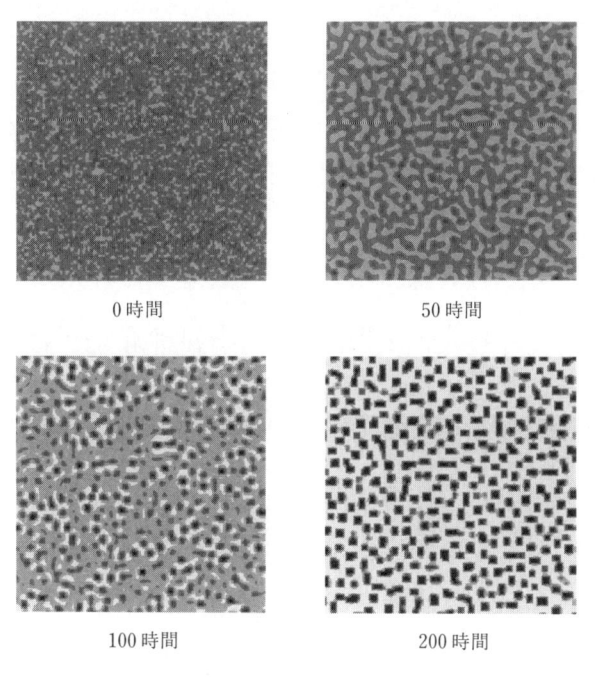

図 5.4 Cahn-Hilliard 方程式の数値解による 748 K における Fe-30 質量%Cr 合金の Cr 濃度分布の時間変化の予測 (図 5.2 と同一条件)

[†] BCC では $z=8$ である.

$$\Omega_{\text{FeCr}} = 2RT_c \tag{5.49}$$

により相互作用パラメータの評価ができる．ここでは $T_c = 1\,103\,K$ として[13]，式(5.45)を用いてシミュレーションを行った．

モンテカルロシミュレーションの(100)断面上の面積 $25\,\text{nm}^2$ の2次元領域について，式(5.44)を用いて同じ組成のFe-Cr合金について相分離挙動のシミュレーションを行った．図5.4はCahn-Hilliard方程式を数値的に解くことにより求めた，748KにおけるCr濃度分布の時間変化を示す．時間とともに相分離が進行し，Cr濃度は200時間後には約5nmの周期の変調構造を示す．

図5.5はCr濃度のラインプロファイルの時間変化を示したものであるが，時間とともに濃度振幅が大きくなっていることがわかる．得られた変調構造の周期はモンテカルロシミュレーションで得られたものとほぼ一致し，二つのアプローチがともに有効であり，またそれぞれ離散的な原子配列と連続的な濃度分布の予測が可能であり，たがいに相補的な関係にあることが示唆される．

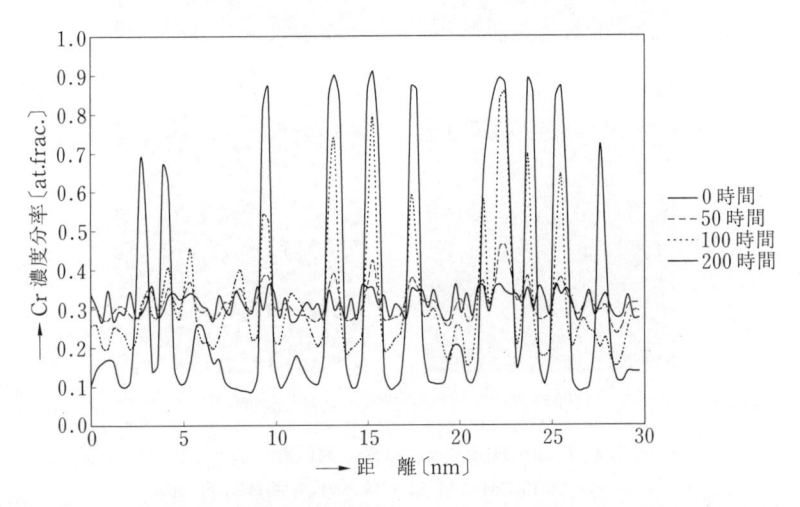

図5.5 Cahn-Hilliard方程式の数値解による748KにおけるFe-30質量%Cr合金のCr濃度プロファイルの時間変化の予測(図5.2と同一条件)

5.5 結晶粒成長のシミュレーション

5.5.1 モンテカルロ法による結晶粒成長の予測

〔**1**〕 **シミュレーション方法**　モンテカルロ法を結晶粒成長のシミュレーションに適用したのは，アメリカのエクソン(Exxon)の研究所グループ[14]〜[16]である。彼らのシミュレーションでは，結晶粒の方位を各格子点の状態変数(spin variable，スピン変数)に対応させ，スピン状態のフリップ(flip)により粒成長挙動を記述している。2次元の正常粒成長のシミュレーションにおいては，成長則，形態変化とも現実的な振舞いをよく再現することが報告されている。

　鉄鋼材料の加工熱処理時における組織形成過程の予測といった実用的な問題に対しても，モンテカルロ法を用いた統計力学的シミュレーションが試みられている[5]。しかしこのモデルにおいては同じ方位の結晶粒の合体により不連続な粒成長が起こる可能性があり，これを避けるためには結晶粒の方位数を現実よりも相当多くとる必要がある。また全格子点に対して試行(trial)を試みるため，計算の効率が悪い。この問題点を解消するため新しいアルゴリズムを開発した。

　モンテカルロ法による組織形成過程のシミュレーションの手順は以下のとおりである。

(1) シミュレーションの対象領域を小領域(格子点)に分割し，各小領域に結晶粒番号を割り当てる。
(2) 各結晶粒に対して結晶方位を割り当てる。
(3) 分割の結果得られた小領域の間の相互作用を計算する。
(4) 各小領域の状態変数の変化の確率を上記の相互作用エネルギーの関数として求め，組織因子の加工熱処理時の変化を以下の手続き(Metropolis法)により予測する。

a) 適当な初期配置を与える。
b) 試行を行う格子点を選択する。もしこの格子点が結晶粒界に存在すると

き，以下の計算を実行する。

c) 選択された格子点の方位の値を変えたものを仮の配置(試行配置)とする。もしこの方位が最近接の結晶粒の方位のいずれかに一致するなら，以下の計算を行う。

d) 方位の変化に伴うエネルギー変化 ΔE を計算する。

e) 新しい方位が採用される確率 W を以下の式により計算する。

$$W = \begin{cases} \exp\left(-\dfrac{\Delta E}{k_B T}\right) & (\Delta E > 0) \\ 1 & (\Delta E \leq 0) \end{cases} \quad (5.50)$$

b)〜e)のステップを繰り返すことにより，組織形成過程のシミュレーションを行う。

結晶方位の変化に伴うエネルギー変化の計算方法を以下に示す。方位が $i \to i'$ に変化したときのエネルギー変化 ΔE を以下のように定義する。

$$\Delta E = E(i') - E(i) \quad (5.51)$$

ここで $E(i)$, $E(i')$ はそれぞれ方位 i, i' に対応する配置でのエネルギーである。結晶粒成長においては，結晶粒界エネルギーの差 ΔE_0 が粒界移動の駆動力となる。結晶粒界エネルギー $E_0(i)$ は以下の式で表せる。

$$E_0(i) = \sum_{\langle ij \rangle} M_{ij} \quad (5.52)$$

ここで M は $Q \times Q$ の行列 (Q は粒の方位数)，i, j は各格子点の方位，$\langle ij \rangle$ は最近接格子点についての和を示す。粒界エネルギーの結晶粒間の相対方位依存性を考慮しないモデル(Pottsモデル)においては，行列要素 M_{ij} は以下のように表せる。

$$M_{ij} = J(1 - \delta_{ij}) \quad (5.53)$$

ここで，J は粒界エネルギーに比例する定数，δ_{ij} は Kronecker の δ である。粒内では最近接格子点と方位が等しいので $M_{ij} = 0$ となり，最近接格子点と方位が異なっていると $M_{ij} = J$ となるので，$E_0(i)$ は粒界エネルギーに対応して

いると考えられる。

 初期条件としてランダムな結晶系を仮定し，FCC 3次元格子(最隣接格子点数12)の粒成長のシミュレーションを行い，各格子点の状態変化を追跡した．計算途中の平均結晶粒径，結晶粒径分布，面数分布を求め，組織形成の動力学と組織形態の時間変化を明らかにした．標準的なシミュレーション条件は，システムサイズが128^3，方位数が32，J/k_BTが2，計算ステップ数が5×10^3 MCS[†]である．

〔2〕 **シミュレーション結果**　図 **5.6** は3次元FCC結晶構造の時間発

図 **5.6**　モンテカルロ法による結晶粒構造の時間発展の予測

[†]　モンテカルロステップ(Monte Carlo step)．システムの大きさだけの試行を繰り返したとき(この場合では128^3)を1 MCSとする．

展のスナップショットを示している．まったく方位のばらばらなランダムな状態から時間の経過とともに結晶粒パターンが形成され，大きな粒が小さな粒を食って成長していく様子がわかる．最終的に得られた結晶粒構造は一様である．

図 5.7 は平均面積 A (ここでは平均体積の 2/3 乗を便宜上平均面積としている．以下同様) の時間変化を示したものである．A は時間に比例して大きくなる．すなわち，平均粒径 $\bar{R}$ は以下に示すような時間依存性を示し古典的結果 (4章) とよく一致する．

$$\bar{R} = Bt^{1/2} \tag{5.54}$$

ここで B は定数である．

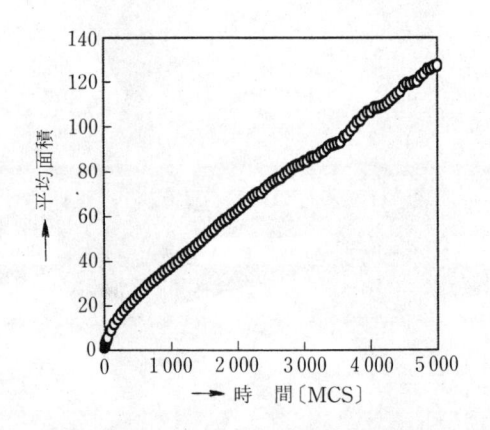

図 5.7 モンテカルロ法による結晶粒成長時における平均面積の時間変化の予測

図 5.8 はの結晶粒径分布を示す．横軸は平均粒径で規格化した値を示す．粒径分布関数は，時間に依存しない一定形状に漸近する傾向を示す．

図 5.9 は結晶粒界エネルギーが等方的な場合の面数分布関数の時間変化を示す．粒径分布関数と同様に，面数分布関数は一定の形状に漸近していくことがわかる．面数分布関数は，面数 N_f の増加により急速な上昇傾向を示し，$N_f = 12$ 〜14 で最大値をとる．その後は面数の増加ともに減少傾向を示す．

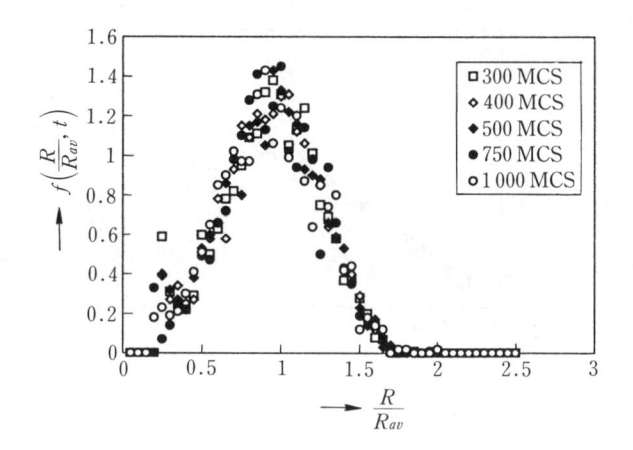

図 5.8 モンテカルロ法による結晶粒成長時における粒径分布関数の時間変化の予測

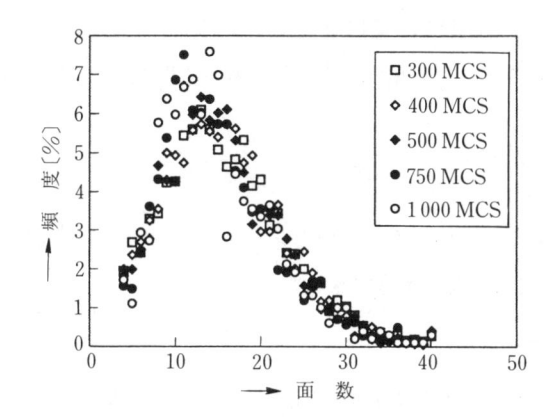

図 5.9 モンテカルロ法による結晶粒成長時における面数分布関数の時間変化の予測

図 **5.10** は，n 面体に隣接する粒の面数 $m(n)$ と n との関係を示す．$m(n)$ は $1/n$ に比例するという 2 次元の Aboav-Weaire 則に相当する関係が，3 次元のモンテカルロシミュレーションでも再現される．

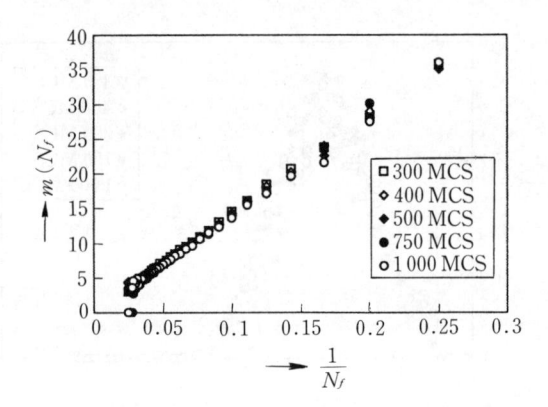

図5.10 モンテカルロ法による結晶粒成長時における面数相関の時間変化の予測 ($m(n)$ は n 面体に隣接する粒の平均面数)

〔3〕 **モンテカルロシミュレーション結果と実験値との対応** 筆者らは, 粒成長が拡散律速過程だとして以下のような方法を提案した[17]。マクロな拡散係数 D は, 原子のジャンプ頻度 ν と格子定数 a の関数として以下の式で記述できる。

$$D = \frac{\nu a^2}{6} \tag{5.55}$$

方位数を Q とすると, Q MCS が平均ジャンプ時間 $1/\nu$ に対応する。そのことから 1 MCS は以下の式で記述できる。

$$1\,\mathrm{MCS} = \frac{a^2}{6DQ} \tag{5.56}$$

もし格子定数 a からシステム格子点間隔 a' へスケール変換しても, 式 (5.56) が成り立つとすれば以下の換算式が得られる。

$$1\,\mathrm{MCS} = \frac{a'^2}{6DQ} \tag{5.57}$$

上記のようなスケール変換の妥当性については検討の余地があり, 今後の研究課題であると考える。

5.5.2 フェーズフィールド法による結晶粒成長のシミュレーション

フェーズフィールドモデルでは[18]，まず系を局所平衡仮定の成り立つような部分系(ここではセルと呼ぶ)に分割し，各セルに−1.0から1.0の値を有する秩序変数の組 $\vec{s} = [s_1(\vec{r}), s_2(\vec{r}), \cdots, s_p(\vec{r})]$ を割り当て，結晶方位を区別する。ここでpは結晶方位の数である。図 **5.11**に示すように，特別の方位が1で他の方位が0という状態が結晶粒内に相当し，セル境界で秩序変数が連続的に変化している部分が結晶粒界に相当する。

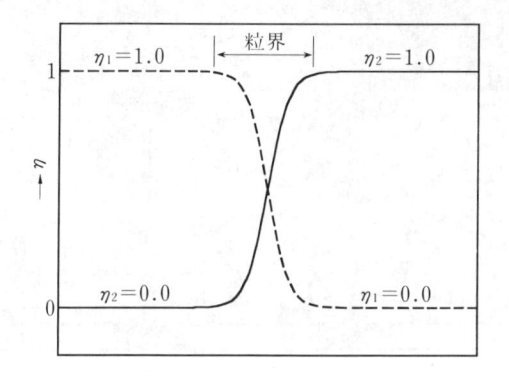

図5.11 フェーズフィールド法による粒界のモデル

このとき系全体の自由エネルギー汎関数は

$$F_{sys} = \int \left[f_0(s_1(\vec{r}), s_2(\vec{r}), \cdots, s_p(\vec{r})) + \sum_{i=1}^{p} \frac{K_i}{2} (\nabla s_i(\vec{r}))^2 \right] d\vec{r} \tag{5.58}$$

で表される。ここでf_0は局所自由エネルギーで，状態変数s_iのみの関数で以下のように記述できる。

$$f_0(s_1(\vec{r}), s_2(\vec{r}), \cdots, s_p(\vec{r})) = \sum_{i=1}^{p} \left(-\frac{\alpha}{2} s_i^2 + \frac{\beta}{4} s_i^4 \right) + \gamma \sum_{i=1}^{p} \sum_{j \neq i}^{p} s_i^2 s_j^2 \tag{5.59}$$

またKは勾配エネルギー係数で，粒界エネルギーは式(5.58)の勾配エネルギー項$(\nabla s_i(\vec{r}))^2$に起因している。ここでα, β, およびγは局所自由エネルギーが

粒内(すなわち特定の方位のみが1で他の方位が0)のとき極小になるように定める．

方位を表す秩序変数 s_i は保存量ではないので，その時間発展は以下のLangevin方程式により記述できる．

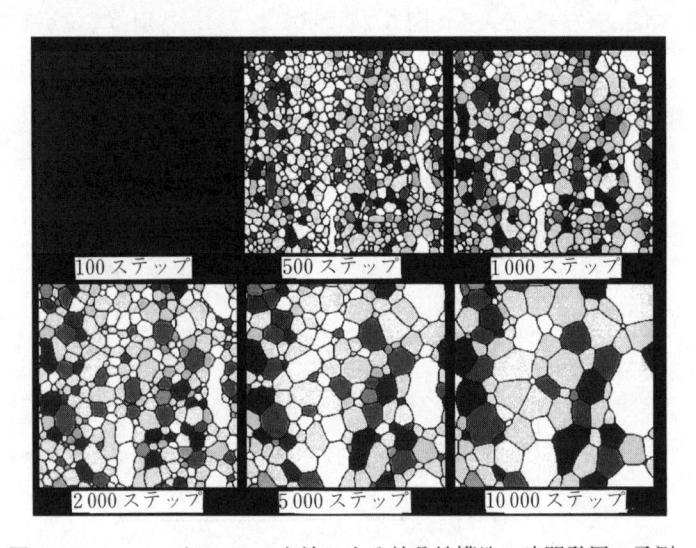

図 5.12 フェーズフィールド法による結晶粒構造の時間発展の予測

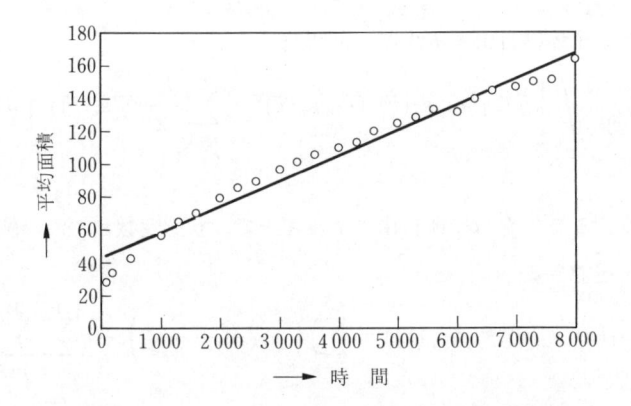

図 5.13 フェーズフィールド法による結晶粒成長時における平均面積の時間変化の予測

$$\frac{ds_i}{dt} = -L_i \frac{\delta F_{sys}}{\delta s_i(\vec{r},t)} = -L_i \left(\frac{\partial f_0}{\partial s_i} - K_i \nabla^2 s_i \right) \quad (5.60)$$

式 (5.60) を差分化すると以下のようになる。

$$\nabla^2 s_i = \frac{1}{(\Delta x)^2} \left[\frac{1}{2} \sum_j (s_j - s_i) + \frac{1}{4} \sum_k (s_k - s_i) \right] \quad (5.61)$$

$$s_i(\vec{r}, t + \Delta t) = s(\vec{r}, t) + \frac{ds_i(\vec{r})}{dt} \Delta t \quad (5.62)$$

ここで Δx はセルのサイズ，j に関する和は最近接セルに関して，k に関する和は第2近接セルについて行う．式 (5.61)，(5.62) の数値解を求めることにより，結晶粒成長挙動のシミュレーションが可能となる．

図 5.12 はシミュレーション結果の一例を示す．初期にはまったくランダムな方位を示すが，時間の経過とともに大きな粒が小さな粒を食って成長していく様子がわかる．**図 5.13** は粒の平均面積と時間の関係を示したものであるが，平均面積は時間に比例して増加し，モンテカルロ法と同じように平均粒径は時間の1/2に比例して成長することが確認された．粒径分布，角形分布ともモンテカルロ法と一致する結果が得られた．

章 末 問 題

(1) 正則溶体モデルを用いて Fe-Cr 2元状態図を書け．

引用・参考文献

1) D. Raabe: "Computational Materials Science, The Simulations of Materilas, Microstructure and properties", Wiley-VCH (1998)

2) T. Saito (Ed.): "Comuputational Materials Design", Springer-Verlag (1999)

3) T. Ohno and T. Oguchi: "Electronic Structure Theory for Condensed Matter Systems", p.1 文献 2)

4) L. Kaufman and Bernstein: "Computer Calculation of Phase Diagram", Academic Press (1970)

5) Y. Saito: Mater. Sci. & Eng., **A223**, p.134 (1997)

6) M.P. Allen and D.J. Tildesley: "Computer Simulation of Liquids", Oxford University Press (1987)

7) N. Metropolis, A.W. Rosenbluth, N.N. Rosenbluth, A.H. Teller and E. Teller: J.Chem. Phys., **21**, p.1098 (1953)

8) R.J. Glauber: J. Math. Phys., **4**, p.294 (1963)

9) K. Binder (Ed.): "Simulation in Statistical Physics", 2nd. Ed., Spriger-Verlag (1986)

10) J.S. Langer: Ann. Phys., **65**, p.53 (1971)

11) J.M. Sanchez, J.R. Barefoot, R.N. Jarret and J.K. Tien: Acta Metall., **33**, p.219 (1984)

12) K. Kawasaki: Phys. Rev., **145**, p.224 (1966)

13) T. Massalski (Ed.): "Binary Alloy Phase Diagrams", 2nd. Ed. ASM (1990)

14) M.P. Anderson, D.J. Srolovitz, G.S. Grest and P.S. Sahni: Acta Metall., **32**, p.783 (1984)

15) D.J. Srolovitz (Ed.): "Computer Simulation of Microstructural Evolution ", TMS-AIME (1985)

16) D.J. Srolovitz, G.S. Grest and M.P. Anderson: Acta Metall., **34**, p.783 (1986)

17) Y. Saito and M. Enomoto: ISIJ International, **32**, p.809 (1992)

18) D. Fan and L.Q. Chen: Acta Mater., **45**, p.611 (1997)

付録A 拡散方程式の解法

A.1 Fourierの方法

物質の拡散と熱の伝導の様子は同一形式の偏微分方程式で記述され，拡散方程式あるいは熱伝導方程式と呼ばれている．この方程式は放物型偏微分方程式の典型である．本書は広い意味での拡散方程式による組織形成過程の記述方法を習得することを目的としており，当然のことながら数学的な内容よりも現象のモデル化の方法と方程式の具体的な解法に重点をおいている．

しかし，以下に示す定数係数の拡散方程式は，ほとんどの組織形成の動力学モデルの基礎となっているため，他の章とは異なり，この章ではその数理物理的な側面に少しだけふれてみることにする．なお，この方程式の性質は空間次元に無関係なので，空間1次元について説明する．いうまでもないことではあるが，ここでは古典的な解のみを考える．

まず最初に，最も素朴な解法について述べる．それは，Fourierの方法と呼ばれる方法である．FourierがFourier級数の理論に取り組んだのは，熱伝導方程式の初期値・境界値問題を解くためであった．以下Fourierの方法について基本事項を述べる．

図 **A.1** に示すように関数 $f(x)$ が与えられた区間を有限個の部分区間に分割でき，各部分区間では関数は連続で，各不連続点 c では，左からの極限値 $\lim_{x \uparrow c} f(x)$, 右からの極限値 $\lim_{x \downarrow c} f(x)$ がそれぞれ存在するとき，この関数 $f(x)$ は区分的に連続 (piecewise continous) という．また，関数 $f(x)$ および $f'(x)$ が区分的に連続であるとき，この関数 $f(x)$ は区分的になめらか (piecewise smooth) であるという．

区分的に連続な周期 $2l$ の周期関数 $f(x)$ に対して

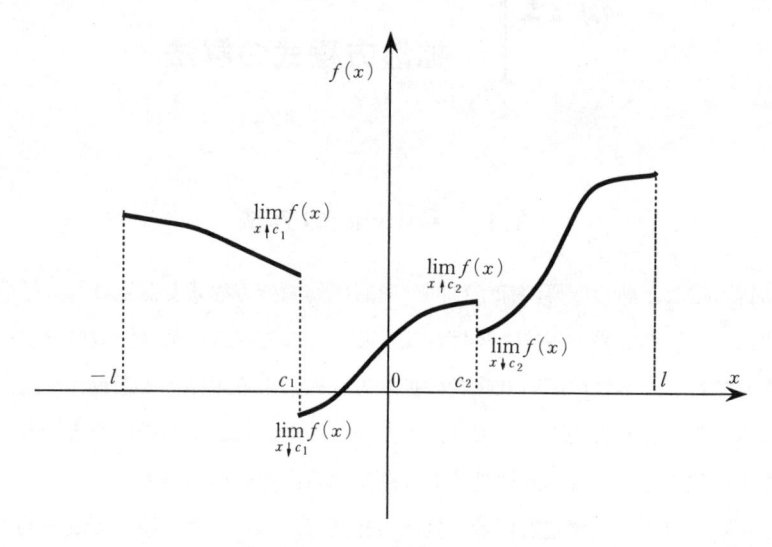

図 A.1 区分的に連続な関数

$$a_n = \frac{1}{l}\int_{-l}^{l} f(x)\cos\frac{n\pi x}{l}dx \qquad (n=1,2,\cdots) \tag{A.1}$$

$$b_n = \frac{1}{l}\int_{-l}^{l} f(x)\sin\frac{n\pi x}{l}dx \qquad (n=1,2,\cdots) \tag{A.2}$$

を $f(x)$ のFourier係数といい，これらからつくられる関数項級数

$$f(x) \approx \frac{1}{2} + \sum_{n=1}^{\infty}\left(a_n\cos\frac{n\pi x}{l} + b_n\sin\frac{n\pi x}{l}\right) \tag{A.3}$$

を $f(x)$ のFourier級数という．

Fourier級数に関してつぎの定理が知られている．

Fourier級数の展開定理 $f(x)$ は $[-l, l]$ において区分的になめらかであれば，$f(x)$ のFourier級数は $[-l, l]$ の各点において $(f(x-0)+f(x+0))/2$ に収束する[†]．したがって，x が連続点であれば $f(x)$ 自身に収束する．すなわち

[†] $\lim_{x\uparrow a} f(x)$ を $f(a-0)$, $\lim_{x\downarrow a} f(x)$ を $f(a+0)$ と書く．

$$\frac{1}{2} + \sum_{n=1}^{\infty}\left(a_n \cos\frac{n\pi x}{l} + b_n \sin\frac{n\pi x}{l}\right) = \frac{1}{2}(f(x-0) + f(x+0)) \tag{A.4}$$

Fourier級数の一様収束 $f(x)$ は周期 $2l$ の周期関数で，区分的になめらか，かつ全域で連続であると，Fourier級数

$$f(x) = \frac{1}{2} + \sum_{n=1}^{\infty}\left(a_n \cos\frac{n\pi x}{l} + b_n \sin\frac{n\pi x}{l}\right)$$

は一様収束である[†]。

また関数項級数に関してつぎのような定理が知られている。

Weierstraussの定理 関数項 $U_n(x)$ $(a \leqq x \leqq b)$ からなる級数 $\sum_{n=1}^{\infty} U_n(x)$ が $[a,b]$ で一様収束するための一つの十分条件は，つぎの条件を満たす定数項級数 $\sum_{n=1}^{\infty} M_n$ が存在することである。

$$|U_n(x)| \leqq M_n \quad (a \leqq x \leqq b, \ n = 1, 2, \cdots)$$

$$\sum_{n=1}^{\infty} M_n < \infty$$

Abelの定理 関数列 $T_n(t)$ $(t_0 \leqq t \leqq t_1)$ が各 t についてつねに単調増加（＝単調非減少），またはつねに単調減少（＝単調非増加）で，かつ一様に有界，すなわちある定数 M があり

$$|T_n(t)| \leqq M \quad (t_0 \leqq t \leqq t_1, \ n = 1, 2, \cdots)$$

であり，また関数項級数 $\sum_{n=1}^{\infty} X_n(x)$ は $a \leqq x \leqq b$ で一様収束する。このとき，関数項級数 $\sum_{n=1}^{\infty} T_n(t) X_n(x)$ は，$t_0 \leqq t \leqq t_1, \ a \leqq x \leqq b$ において，t, x について一様収束である。

項別微分可能 関数項 $U_n(x)$ が $[a,b]$ で連続微分可能で，かつ $[a,b]$ で関数

[†] 関数列 $\{f_n(x)\}$ が $\sup_{x \in I} |f_n(x) - f(x)| \to 0 \ (n \to \infty)$ を満たすとき，$\{f_n(x)\}$ は $f(x)$ に I 上で一様収束するという。ここで sup は上限を表す記号である。

項級数 $\sum_{n=1}^{\infty} U_n(x)$ が収束し，かつ $\sum_{n=1}^{\infty} U_n'(x)$ が一様収束するならば，$S(x) = \sum_{n=1}^{\infty} U_n(x)$ も連続微分可能で

$$S'(x) = \sum_{n=1}^{\infty} U_n'(x)$$

である．

さらに，$U_n(x)$ が m 回連続微分可能で，m 回までの導関数について $\sum_{n=1}^{\infty} U_n^k(x)$ $(k \leqq m)$ が一様収束するならば，$S(x)$ は m 回連続微分可能で

$$S^{(k)}(x) = \sum_{n=1}^{\infty} U_n^{(k)}(x) \qquad (k \leqq m)$$

である．

A.2 Fourierの方法による拡散方程式の解法

A.2.1 形式解

有限の長さの x 軸に沿った棒のなかの物質拡散を考える．棒の側面からの物質の出入りはなく，棒の断面の濃度は一定とみなす．棒の両端で物質がすべて吸収され，左端 $x=0$ および右端 $x=l$ で濃度は 0 になっている長さ l の棒における物質拡散を問題とする．これは以下のような初期値・境界値問題になる．

$$\frac{\partial c}{\partial t} = D \frac{\partial^2 c}{\partial x^2} \qquad (0 < x < l,\ 0 < t) \tag{A.5}$$

$$c(x, 0) = f(x) \qquad (0 \leqq x \leqq l) \tag{A.6}$$

$$c(0, t) = 0,\ c(l, t) = 0 \qquad (0 < t) \tag{A.7}$$

ここで $f(x)$ は区分的になめらかで，連続な周期 l の関数とする．また D は物質の拡散係数である．

$c(x,t)$ が，$c(x,t) = X(x)T(t)$ のように x のみの関数と t のみの関数の積で表されると仮定する．これは，式 (A.5) に代入すると

$$\frac{T'(t)}{DT(t)} = \frac{X''(x)}{X(x)} \tag{A.8}$$

となり，左辺は t のみの，右辺は x のみの関数であるから，これらはある定数 $-\lambda$ に等しくなる．したがってつぎの二つの常微分方程式を得る．

$$T'(t) + \lambda D T(t) = 0 \tag{A.9}$$

$$X''(x) + \lambda X(x) = 0 \tag{A.10}$$

$c(x,t)$ が境界条件 (A.7) を満たすことから，$X(x)$ が

$$X(0) = 0, \quad X(l) = 0 \tag{A.11}$$

を満足する．恒等的に0ではない式 (A.9)，(A.10) の解は

$$X_n(x) = \sin k_n x \qquad (k_n = n\pi) \tag{A.12}$$

$$T_n(t) = A_n e^{-Dk_n^2 t} \qquad \left(k_n = \frac{n\pi}{l}\right) \tag{A.13}$$

である．ただし A_n は任意定数である．

重ね合せの原理により関数項級数

$$c(x,t) = \sum_{n=1}^{\infty} A_n e^{-Dk_n^2 t} \sin k_n x \qquad \left(k_n = \frac{n\pi}{l}\right) \tag{A.14}$$

も式 (A.5) の形式解となる．これは，$f(x)$ の Fourier 正弦展開にほかならない．この形式解が初期条件を満たすためには

$$f(x) = \sum_{n=1}^{\infty} A_n \sin k_n x \qquad \left(k_n = \frac{n\pi}{l}\right) \tag{A.15}$$

ここで A_n は

$$A_n = \frac{2}{l} \int_0^l f(x) \sin k_n x \, dx \qquad (n = 1, 2, \cdots) \tag{A.16}$$

となる．

A.2.2 解 の 存 在

この形式解が $t \geq 0$ で収束して，x, t の連続な関数となり，かつ t について1回，x について2回項別微分可能であれば，$c(x,t)$ が初期・境界値問題の解となることは明らかである．

まず最初に $c(x,t)$ の連続性を示す．

$$c(x,t) = \sum_{n=1}^{\infty} T_n(t) X_n(x) \tag{A.17}$$

ただし $T_n(t) = e^{-Dk_n^2 t}$, $X_n(x) = \sin k_n x$ である。$t \geq 0$ なる各 t に対して, $T_1(t) \geq T_2(t) \geq \cdots$ であり, また $|T_n(t)| \leq 1\ (t \geq 0,\ n=1,2,\cdots)$ である。

$f(x)$ が連続ならば, Fourier級数の一様収束の定理より, $\sum_{n=1}^{\infty} X_n(x)$ は一様収束である。Abelの定理より, $\sum_{n=1}^{\infty} T_n(t) X_n(x)$ は x, t について一様収束する。連続関数列が一様収束するならば, その極限関数も連続であるから[†], $c(x,t) = \sum_{n=1}^{\infty} A_n e^{-Dk_n^2 t} \sin k_n x$ は $t \geq 0$ で x, t について連続である。

$f(x)$ が不連続点を持てば, $\sum_{n=1}^{\infty} X_n(x)$ は各点収束である。このとき $\sum_{n=1}^{\infty} T_n(t) X_n(x)$ は, x を固定するとき t について一様収束するから, $c(x,t)$ は $t \geq 0$ で t について連続である。

つぎに微分可能性について検討する。$t > 0$ とする。$M = \sup |f(x)|$ とするとき

$$|A_n| \leq \frac{2}{l} \int_0^l |f(x) \sin k_n x| \leq 2M$$

であるから, $t \geq t_0 > 0$ とするとき

$$|A_n e^{-Dk_n^2 t} \sin k_n x| \leq 2M e^{-Dk_n^2 t} \leq 2M e^{-Dk_n^2 t_0}$$

である。級数 $\sum_{n=1}^{\infty} 2M e^{-Dk_n^2 t_0}$ は収束するから, Weierstrassの定理により任意の $t_0\ (>0)$ に対し, $t \geq t_0$, $0 \leq x \leq l$ において $\sum_{n=1}^{\infty} A_n e^{-Dk_n^2 t} \sin k_n x$ は x, t について一様収束する。

$c(x,t)$ を t に関して l 回, x に関して k 回 (k, l は任意の自然数) 項別微分して得られる級数の一般項は

$$(k_n)^k (-Dk_n^2)^l A_n \sin\left(k_n x + \frac{k\pi}{2}\right) e^{-Dk_n^2 t}$$

[†] 文献4), p.123 参照。

となる。これの絶対値は $k+l \leqq m$ とすれば

$$\begin{aligned}
&\left|(k_n)^k(-Dk_n^2)^l A_n \sin\left(k_n x + \frac{k\pi}{2}\right) e^{-Dk_n^2 t}\right| \\
&\leqq (k_n)^{k+2l} D^l 2M e^{-Dk_n^2 t_0} \leqq C k_n^{2m} e^{-Dk_n^2 t_0} \qquad (C = 2MD^l)
\end{aligned} \tag{A.18}$$

であり、$\sum_{n=1}^{\infty} k_n^{2m} e^{-Dk_n^2 t_0}$ は収束するから、Weierstrauss の定理により $c(x,t)$ を t に関して l 回、x に関して k 回項別微分して得られる級数は一様収束する。

したがって、項別微分の定理により、$c(x,t)$ は t に関して l 回、x に関して k 回項別微分可能であり、また微分したものは連続である。k,l は任意、t_0 も任意であるから、$c(x,t)$ は $t>0$ で無限回連続微分可能である。

A.2.3 解の一意性

以上のことから、初期値・境界値問題 (A.5), (A.6), (A.7) の解の存在が示せた。つぎに解の一意性を示す。簡単のために、$f(x)$ は区分的になめらかな関数とする。

いま、$c_1 = c_1(x,t)$ と $c_2 = c_2(x,t)$ が共にこの初期値・境界値問題の解であるとして、$c_1 \equiv c_2$ を示す。$d(x,t) = c_1(x,t) - c_2(x,t)$ とおけば、d は初期値・境界値問題

$$\frac{\partial d}{\partial t} = D\frac{\partial^2 d}{\partial x^2} \qquad (0<x<l,\ t>0) \tag{A.19}$$

$$d(x,0) = 0 \qquad (0 \leqq x \leqq l) \tag{A.20}$$

$$d(0,t) = 0 \qquad (d(l,t) = 0,\ t>0) \tag{A.21}$$

の解である。ここで

$$J(t) = \int_0^l d(x,t)^2 dx \tag{A.22}$$

とおけば、$J(t) \geqq 0$ は $[0,\infty)$ で連続、$(0,\infty)$ で微分可能である。

$$J'(t) = 2\int_0^l d(x,t)\frac{\partial d(x,t)}{\partial t} dx$$

$$= 2D \int_0^l d(x,t) \frac{\partial^2 d(x,t)}{\partial x^2} dx$$

$$= 2D \left[d(x,t) \frac{\partial d(x,t)}{\partial x} \right]_0^l - 2D \int_0^l \left(\frac{\partial d(x,t)}{\partial x} \right)^2 dx$$

$$= -2D \int_0^l \left(\frac{\partial d(x,t)}{\partial x} \right)^2 dx \leq 0$$

ゆえに

$$J(t) = J(0) + \int_0^t J'(t)dt \leq J(0) = 0 \tag{A.23}$$

一方，$J(t) \geq 0$ であるから，$J(t) \equiv 0$ となる．

このようにして $c_1(x,t) \equiv c_2(x,t)$ となり，解の一意性が示された．

A.3 Fourier 変換

Fourier 変換は，拡散方程式のみならず，定数係数の偏微分方程式を解くための有力な手段の一つである．ここでは，Fourier 変換についての基本事項を証明抜きで簡単に述べる．

$f(x)$ は $-\infty < x < \infty$ で定義された関数で，区分的に連続で，かつ $\int_{-\infty}^{\infty} |f(x)| dx < \infty$ (絶対積分可能) であるとする．このとき $f(x)$ に対して Fourier 変換 $\hat{f}(\xi)$ が存在する．

$$\hat{f}(\xi) = \frac{1}{\sqrt{2\pi}} \int_{-\infty}^{\infty} e^{-i\xi x} f(x) dx \tag{A.24}$$

$\int_{-\infty}^{\infty} \hat{f}(\xi) e^{ix\xi} d\xi$ を $f(x)$ の Fourier 積分と呼ぶ．Fourier 積分に関して以下に示す Fourier の積分定理が成り立つ．

Fourier の積分定理　　$f(x)$ は $-\infty < x < \infty$ で定義された関数で，区分的に連続で，かつ絶対積分可能であるとする．$f(x)$ の Fourier 変換を $\hat{f}(\xi)$ とすれば

$$\lim_{l \to \infty} \frac{4}{\sqrt{2\pi}} \int_{-l}^{l} \hat{f}(\xi) e^{i\xi x} d\xi = \frac{1}{2}(f(x-0) + f(x+0)) \tag{A.25}$$

が成り立つ．

もし $f(x)$ が連続ならば，式 (A.25) の左辺は任意の有限区間 $a \leq x \leq b$ で一様に $f(x)$ に収束する．

$$\mathcal{F}^{-1}(\hat{f}(\xi)) = \frac{1}{\sqrt{2\pi}} \int_{-\infty}^{\infty} e^{i\xi x} \hat{f}(\xi) d\xi \tag{A.26}$$

を $\hat{f}(\xi)$ の Fourier 逆変換という．$f(x)$ の Fourier 変換 $\hat{f}(\xi)$ に Fourier 逆変換を施してもとの $f(x)$ が得られる，というのが Fourier 積分定理の内容である．

Fourier 変換の最大の利点は，微分演算が多項式の積演算に変換されることである．もし $f(x)$ が連続で区分的になめらかであるとすると，$f'(x)$ が絶対積分可能ならば，$f'(x)$ の Fourier 変換 $\hat{f}'(\xi)$ は

$$\begin{aligned}\hat{f}'(\xi) &= \frac{1}{\sqrt{2\pi}} \int_{-\infty}^{\infty} e^{-i\xi x} f'(x) dx = \left[\frac{e^{-i\xi x} f(x)}{\sqrt{2\pi}}\right]_{-\infty}^{\infty} \\&\quad + i\xi \frac{1}{\sqrt{2\pi}} \int_{-\infty}^{\infty} e^{-i\xi x} f(x) dx\end{aligned} \tag{A.27}$$

であるが，$\lim_{x \to \pm\infty} f(x) = 0$ であるから

$$\hat{f}'(\xi) = i\xi \hat{f}(\xi) \tag{A.28}$$

が得られる．

さらに $f(x)$ が n 回連続微分可能で，$f^{(n)}(x)$ が絶対積分可能ならば

$$\hat{f}^{(n)}(\xi) = (i\xi)^n \hat{f}(\xi) \tag{A.29}$$

であることを，繰返し部分積分することにより示すことができる．

A.4 Fourier 変換法による拡散方程式の解法

A.4.1 拡散方程式の初期値問題

〔1〕 形 式 解　x 軸に沿った無限に長い棒における物質の拡散を考える．棒の側面からの物質の出入りはなく，棒の断面の濃度は一定とみなす．以下の拡散方程式

$$\frac{\partial c}{\partial t} = D \frac{\partial^2 c}{\partial x^2} \quad (t > 0,\ x \in R^1) \tag{A.30}$$

を初期条件

$$c(x,0) = f(x) \qquad (x \in R^1) \tag{A.31}$$

により解く†。

ここで $f(x)$ は連続で絶対積分可能，かつ有界な関数と仮定すれば，Fourier 変換 $\hat{f}(\xi)$ が存在する。解 $c(x,t)$ があったとして，x について 2 回連続微分可能で $c,\ \partial c/\partial x,\ \partial^2 c/\partial x^2$ が絶対積分可能であると仮定すれば，x についての (t はパラメータと考える) Fourier 変換 $\hat{c}(\xi,t)$ が考えられる。

$$\hat{c}(\xi,t) = \frac{1}{\sqrt{2\pi}} \int_{-\infty}^{\infty} e^{-i\xi x} c(x,t) dx \tag{A.32}$$

導関数の Fourier 変換の性質 (A.29) より

$$\frac{1}{\sqrt{2\pi}} \int_{-\infty}^{\infty} e^{-i\xi x} \frac{\partial^2 c(x,t)}{\partial x^2} dx = (i\xi)^2 \hat{c}(\xi,t) \tag{A.33}$$

となる。$\hat{c}(\xi,t)$ は

$$\frac{d\hat{c}(\xi,t)}{dt} = D(i\xi)^2 \hat{c}(\xi,t) \tag{A.34}$$

$$\hat{c}(\xi,0) = \hat{f}(\xi) \tag{A.35}$$

を満たすことがわかる。

ξ をパラメータとする常微分方程式として，これを解けば

$$\hat{c}(\xi,t) = \hat{f}(\xi) e^{-D\xi^2 t} \tag{A.36}$$

を得る。

Fourier の積分定理によれば

$$\begin{aligned} c(x,t) &= \frac{1}{\sqrt{2\pi}} \int_{-\infty}^{\infty} e^{i\xi x} \hat{c}(\xi,t) d\xi \\ &= \frac{1}{\sqrt{2\pi}} \int_{-\infty}^{\infty} e^{-D\xi^2 t + i\xi x} \hat{f}(\xi) d\xi \end{aligned} \tag{A.37}$$

となる。さらに式 (A.37) を計算すれば

$$c(x,t) = \frac{1}{\sqrt{2\pi}} \int_{-\infty}^{\infty} \left(\frac{1}{\sqrt{2\pi}} \int_{-\infty}^{\infty} e^{-i\xi y} f(y) dy \right) e^{-D\xi^2 t + i\xi x} d\xi \tag{A.38}$$

---

† 実数の全体を表す集合を R^1 と書く。すなわち $-\infty < x < \infty$ である。

積分の順序を交換して

$$c(x,t) = \frac{1}{\sqrt{2\pi}} \int_{-\infty}^{\infty} f(y) \left[\frac{1}{\sqrt{2\pi}} \int_{-\infty}^{\infty} e^{-iD\xi^2 t} e^{-i\xi(x-y)} d\xi \right] dy \tag{A.39}$$

以下の公式 (導出は付録 B 参照)

$$\int_{-\infty}^{\infty} e^{-\alpha y^2 + i\beta y} dy = \sqrt{\frac{\pi}{\alpha}} e^{-\beta^2/4\alpha} \tag{A.40}$$

を用いて式 $(A.39)$ の $[\cdot]$ 内の積分を計算することにより，形式解

$$c(x,t) = \frac{1}{\sqrt{2\pi}} \int_{-\infty}^{\infty} f(y) \frac{1}{\sqrt{2Dt}} e^{-(x-y)^2/4Dt} dy \tag{A.41}$$

を得る．

ここに表れた関数

$$E(x-y,t) = \frac{1}{2\sqrt{\pi Dt}} e^{-(x-y)^2/4Dt} \tag{A.42}$$

は基本解と呼ばれている．基本解は，時間 $t=0$ に一点 y に集中した物質源により引き起こされた濃度分布と考えることができる．また基本解は，Dirac の δ 関数を初期値とする式 $(A.30)$ の解ということもできる．

〔2〕 **解の存在** $f(y)$ が有界な連続関数ならば，式 $(A.41)$ が初期値問題 $(A.30), (A.31)$ の解となることを示す．

まず $e^{-(x-y)^2/4Dt}/\sqrt{t}$ は方程式 $(A.30)$ を満足する．$f(y)$ は有界連続であるから，$t>0$ において積分 $(A.41)$ が存在し，積分記号のもとで微分することが許されて，式 $(A.41)$ が方程式 $(A.30)$ の解になっていることがわかる．

つぎにこの条件において式 $(A.41)$ の $c(x,t)$ が

$$\lim_{t \downarrow 0} c(x,t) = f(x) \qquad (x \in R^1, \ t>0) \tag{A.43}$$

となることを示す．

$y - x = 2\sqrt{Dt}\eta$ という変数変換を行えば

$$c(x,t) = \frac{1}{\sqrt{\pi}} \int_{-\infty}^{\infty} f(x + 2\sqrt{Dt}\eta) e^{-\eta^2} d\eta \tag{A.44}$$

となる．

であるから

$$\frac{1}{\sqrt{\pi}} \int_{-\infty}^{\infty} e^{-\eta^2} d\eta = 1 \tag{A.45}$$

$$c(x,t) - f(x) = \frac{1}{\sqrt{\pi}} \int_{-\infty}^{\infty} (f(x+\sqrt{Dt}) - f(x)) e^{-\eta^2} d\eta \tag{A.46}$$

ここで $\int_{|\eta| \geq L} e^{-\eta^2} d\eta < \dfrac{\epsilon \sqrt{\pi}}{2M}$, $M = \max |f(x)|$ となるように L を選べば

$$|c(x,t) - f(x)| \leq \frac{1}{\sqrt{\pi}} \int_{-L}^{L} |f(x+2\sqrt{Dt}) - f(x)| d\eta + \epsilon \tag{A.47}$$

このように $L > 0$ を定めて,$f(x)$ が任意の有限区間で一様連続であることを用いる.すなわち $|\eta| \leq L$ なので t を十分小さく選べば

$$\frac{1}{\sqrt{\pi}} \int_{-L}^{L} |f(x+2\sqrt{Dt}) - f(x)| d\eta < \epsilon \tag{A.48}$$

したがって

$$\lim_{t \downarrow 0} |c(x,t) - f(x)| < 3\epsilon \tag{A.49}$$

が成立する.

以上のことから,初期値問題 (A.30), (A.31) の解の一つが式 (A.41) で与えられることがわかった.この解の性質を調べてみよう.

もし $m \leq f(x) \leq M$ であるとすれば,式 (A.44) から

$$\frac{m}{\sqrt{\pi}} \int_{-\infty}^{\infty} e^{-\eta^2} d\eta \leq c(x,t) \leq \frac{M}{\sqrt{\pi}} \int_{-\infty}^{\infty} e^{-\eta^2} d\eta \tag{A.50}$$

となるから

$$m \leq c(x,t) \leq M \tag{A.51}$$

が成り立つ.つまり,濃度 $c(x,t)$ は初期濃度の最大値と最小値の間にあることが示された.

〔3〕 **解の一意性** 初期値問題 (A.30), (A.31) の解が式 (A.41) で一つ与えられたが,これ以外に解はないのだろうか(解の一意性).実際にはこれ以外にもあるのであるが,$f(x)$ が有界な連続関数であれば,解の一意性がいえる.

ここでは，非線形方程式の解の一意性に関する以下の定理[†]を利用する。

非線形方程式の解の一意性に関する定理　　R^1における初期値問題

$$v_t = F(x, t, u, u_x, u_{xx}) \qquad ((x,t) \in \Pi_T) \tag{A.52}$$

$$u(x, 0) = \alpha(x) \qquad (x \in R^1) \tag{A.53}$$

を考える[††],[†††]。非線形方程式$F(x,t,u,p,q)$に関して[††††]，以下の条件が成り立っているとする。$\forall N > 0$, $\exists \nu_j$ $(j = 1, 2, 3)$に対して

$$\frac{\partial F(x,t,u,p,q)}{\partial q} > 0,$$

$$\sup_{(x,t)\in\Pi_T} \frac{\partial F(x,t,u,p,q)}{\partial q} \leq \nu_1 \qquad (|u,p,q| \leq N),$$

$$\sup_{(x,t)\in\Pi_T} \frac{\partial F(x,t,u,p,q)}{\partial p} \leq \nu_2 \qquad (|u,p,q| \leq N),$$

$$\sup_{(x,t)\in\Pi_T} \frac{\partial F(x,t,u,p,q)}{\partial u} \leq \nu_3 \qquad (|u,p,q| \leq N) \tag{A.54}$$

Cl Π_T上の[†††††]有界連続関数$v(x,t)$および$w(x,t)$が，それぞれΠ_Tで式$(A.52)$を満たし，x軸上では式$(A.53)$の有界連続関数$\alpha(x)$に一致するものとする。このとき，v_x, v_{xx}, w_x, w_{xx}がすべてΠ_Tで有界ならば，Cl Π_Tにおいて$v(x,t) \equiv w(x,t)$が成り立つ。

$f(x)$として有界連続関数を仮定しており，初期値問題$(A.30)$, $(A.31)$の解$c(x,t)$が有界であることはすでに述べたとおりである。$f(x)$が有界であることから，c_x, c_{xx}が有界であることも容易に確かめることができる。また，式$(A.30)$は条件$(A.54)$を満足する。したがって上の定理を利用することができ，上記の範囲における解の一意性を示すことができる。

[†]　文献5), p.92 参照。
[††]　Π_Tは解の定義域を示し，$\Pi_T = \{(x,t); x \in R^1, 0 < t \leq T\}$である。
[†††]　$\partial u/\partial x$をu_x, $\partial^2 u/\partial x^2$を$u_{xx}$と書く。
[††††]　さらに$p = u_x$, $q = u_{xx}$とする。
[†††††]　Clは閉包(closure)を表す。

〔4〕 **階段状の初期値についての解** 以下に示す階段状の初期値に関する拡散方程式の解を求める．

$$f(x) = \begin{cases} 0 & (x > 0) \\ f_0 & (x \leq 0) \end{cases} \tag{A.55}$$

このとき式 (A.41) は

$$c(x,t) = f_0 \int_{-\infty}^{0} \frac{1}{2\sqrt{\pi Dt}} e^{-(x-y)^2/4Dt} dy \tag{A.56}$$

となるが，変数変換 $\eta = (x-y)/(2\sqrt{Dt})$ により

$$c(x,t) = \frac{f_0}{\sqrt{\pi}} \int_{x/(2\sqrt{Dt})}^{\infty} e^{-\eta^2} d\eta = \frac{f_0}{2} \mathrm{erfc}\left(\frac{x}{2\sqrt{Dt}}\right) \tag{A.57}$$

を得る．ここで

$$\mathrm{erfc}(x) = \frac{2}{\sqrt{\pi}} \int_x^{\infty} e^{-\eta^2} d\eta = 1 - \mathrm{erf}(x) \tag{A.58}$$

$$\mathrm{erf}(x) = \frac{2}{\sqrt{\pi}} \int_0^x e^{-\eta^2} d\eta \tag{A.59}$$

であって，$\mathrm{erf}(x)$ は誤差関数，$\mathrm{erfc}(x)$ は余誤差関数と呼ばれる．

式 (A.58) を x と t で実際に微分してみれば，式 (A.30) を満たすことがわかる．また，$t > 0$ で $t \downarrow 0$ とすると，$x > 0$ ならば $x/2\sqrt{dt} \to \infty$，$x < 0$ ならば $x/2\sqrt{dt} \to -\infty$ であるから，$t \downarrow 0 \, (t > 0)$ のとき式 (A.58) で与えられる $c(x,t)$ は $t \geq 0$ で連続となる．

したがって，式 (A.58) は初期値問題 (A.30)，(A.55) の解であり，初期値は不連続であるが，解は t および x に関して無限回微分可能である．

A.4.2 初期値・境界値問題

初期値問題の解を利用して，以下の初期値・境界値問題の解を求める．

$$\frac{\partial v}{\partial t} = D \frac{\partial^2 v}{\partial x^2} \quad (x > 0, \ t > 0) \tag{A.60}$$

$$v(x,0) = f(x) \quad (x \geq 0) \tag{A.61}$$

$$v(0,t) = 0 \quad (t > 0) \tag{A.62}$$

A.4 Fourier変換法による拡散方程式の解法

この初期条件(Dirichlet条件)は，境界$x=0$で物質がすべて吸収され，境界での濃度が0に保たれていることを意味する．初期値問題の解(A.41)を用いるためには，関数$f(x)$を境界条件(A.62)が満たされるように$-\infty < x < \infty$に延長する必要がある．解$v(x,t)$が奇関数ならば，境界条件を満足するので，$f(x)$を$x \in R^1$へ奇関数となるように延長する．$-\infty < x < 0$での$f(x)$として

$$f(x) = -f(-x) \quad (-\infty < x < 0) \tag{A.63}$$

とおいてみる．このとき$v(x,t)$は

$$v(x,t) = \int_0^\infty G(x,y,t)f(y)dy \tag{A.64}$$

で表せる．ただし$G(x,y,t)$は

$$G(x,y,t) = E(x-y,t) - E(x+y,t) \quad (t>0) \tag{A.65}$$

である．

式(A.64)で$x=0$とおくと，境界条件(A.62)を満足する．また$\lim_{t\downarrow 0} v(x,t) = f(x)$となることが，無限に長い棒と同様に確かめられる．したがって，初期値・境界値問題(A.60)，(A.61)，(A.62)の解は式(A.64)で与えられる．

同じようにして，以下の初期値・境界値問題の解を求めることができる．

$$\frac{\partial v}{\partial t} = D\frac{\partial^2 v}{\partial x^2} \quad (x>0,\ t>0) \tag{A.66}$$

$$v(x,0) = f(x) \quad (x \geqq 0) \tag{A.67}$$

$$\left.\frac{\partial v}{\partial x}\right|_{x=0} = 0 \quad (t>0) \tag{A.68}$$

この境界条件(Neumann条件)は，壁$x=0$を通して物資移動がなにも起こらない状態を表す．このとき$v(x)$は

$$v(x,t) = \int_0^\infty N(x,y,t)f(y)dy \tag{A.69}$$

で表せる．ただし$N(x,y,t)$は

$$N(x,y,t) = E(x-y,t) + E(x+y,t) \quad (t>0) \tag{A.70}$$

である．

式 (A.69) より $\partial v/\partial x$ を求め，$x = 0$ とおくと境界条件 (A.68) を満足する．また $\lim_{t \downarrow 0} v(x,t) = f(x)$ となるので，初期値・境界値問題 (A.66)，(A.67)，(A.68) の解 $v(x,t)$ は式 (A.69) で与えられる．

引き続いて以下の初期値・境界値問題を考える[6]．

$$\frac{\partial c}{\partial t} = D\frac{\partial^2 c}{\partial x^2} \qquad (x > 0,\ t > 0) \tag{A.71}$$

$$c(x,0) = f(x) \qquad (x \geq 0) \tag{A.72}$$

$$c(0,t) = g(t) \qquad (t > 0) \tag{A.73}$$

$f(x),\ g(t)$ は区分的に連続な関数とする．式 (A.71) は線形であるから，上記の初期値・境界値問題を $c = v + w$ とおき，以下の二つの初期値・境界値問題に分けて考える．v は以下の初期値・境界値問題の解であり

$$\frac{\partial v}{\partial t} = D\frac{\partial^2 v}{\partial x^2} \qquad (x > 0,\ t > 0) \tag{A.74}$$

$$v(x,0) = f(x) \qquad (x \geq 0) \tag{A.75}$$

$$v(0,t) = 0 \qquad (t > 0) \tag{A.76}$$

w は以下の初期・境界条件を満足する．

$$\frac{\partial w}{\partial t} = D\frac{\partial^2 w}{\partial x^2} \qquad (x > 0,\ t > 0) \tag{A.77}$$

$$w(x,0) = 0 \qquad (x \geq 0) \tag{A.78}$$

$$w(0,t) = g(t) \qquad (t > 0) \tag{A.79}$$

$v(x,t)$ が式 (A.64) で与えられる．

$w(x,t)$ を求めるため，以下の $W(x,t)$ を考える．

$$W(x,t) = -2\int_0^t \frac{\partial E}{\partial x}(x, t-\tau)d\tau \tag{A.80}$$

$x > 0,\ t > 0$ において $\lim_{\tau \to t} \partial E(x, t-\tau)/\partial x = 0$ であるから，$W(x,t)$ は以下の拡散方程式の解となる．

$$\frac{\partial W}{\partial t} = D\frac{\partial^2 W}{\partial x^2} \qquad (x > 0,\ t > 0) \tag{A.81}$$

変数変換 $\rho = x/2\sqrt{D(t-\tau)}$ を行うと，$W(x,t)$ は以下のように書き換えら

れる．

$$W(x,t) = \frac{2}{\sqrt{\pi}} \int_{x/2\sqrt{Dt}}^{\infty} e^{-\rho^2} d\rho \tag{A.82}$$

したがって以下の関係が得られる．

$$\lim_{x \to 0} W(x,t) = 1 \qquad (t > 0) \tag{A.83}$$

$$\lim_{t \downarrow 0} W(x,t) = 0 \qquad (x \geqq 0) \tag{A.84}$$

$x > 0$, $t \leqq 0$ において

$$W(x,t) \equiv 0 \tag{A.85}$$

とすることにより，任意のτにおいて$W(x, t-\tau)$は以下の初期・境界条件を満足することがわかる．

$$\frac{\partial W}{\partial t} = D \frac{\partial^2 W}{\partial x^2} \qquad (x > 0,\ t > 0) \tag{A.86}$$

$$W(0, t-\tau) = 1 \qquad (\tau < t) \tag{A.87}$$

$$W(x, t-\tau) = 0 \qquad (x > 0,\ t \leqq \tau) \tag{A.88}$$

任意の正の整数nに関して以下の$w_n(x,t)$を考える．

$$w_n(x,t) = \sum_{j=o}^{[nt]} (W(x,t-\tau_j) - W(x,t-\tau_{j+1})) g\left(\frac{\tau_j + \tau_{j+1}}{2}\right) \tag{A.89}$$

ただし，$\tau_j = j/n$, $[nt]$はntを超えない整数である．$w_n(x,t)$に関して以下の関係が成り立つ．

$$\frac{\partial w_n}{\partial t} = D \frac{\partial^2 w_n}{\partial x^2} \qquad (x > 0) \tag{A.90}$$

$$w_n(x,0) = 0 \qquad (x \geqq 0) \tag{A.91}$$

さらに

$$\lim_{n \to \infty} w_n(0,t) = \lim_{n \to \infty} g\left(\frac{2[nt]+1}{2}\right) = g(t) \tag{A.92}$$

であるので，$w_n(x,t)$は$w(x,t)$の近似式となる．また

$$W(x, t-\tau_j) - W(x, t-\tau_{j+1}) = \frac{\partial W}{\partial \tau}\left(x, t - \frac{\tau_j + \tau_{j+1}}{2}\right)\frac{1}{n}$$
$$+ o\left(\frac{1}{n}\right) \qquad (A.93)$$

であるので，$w_n(x,t)$ に関する Riemann 積分を考えれば，最終的に解 $w(x,t)$ を得ることができる．

$$w(x,t) = \int_0^\tau \frac{\partial W}{\partial \tau}(x, t-\tau)g(\tau)d\tau$$
$$= -2\int_0^\tau \frac{\partial E}{\partial x}(x, t-\tau)g(\tau)d\tau \qquad (A.94)$$

したがって，初期値・境界値問題 $(A.71)$, $(A.72)$, $(A.73)$ の解 $c(x,t)$ は以下のようになる．

$$c(x,t) = \int_0^\infty G(x,y,t)f(y)dy$$
$$-2\int_0^\tau \frac{\partial E}{\partial x}(x, t-\tau)g(\tau)d\tau \qquad (x \geq 0,\ t > 0) \qquad (A.95)$$

同じようにして，以下の初期値・境界値問題の解を求めることができる．

$$\frac{\partial c}{\partial t} = D\frac{\partial^2 c}{\partial x^2} \qquad (x > 0,\ t > 0) \qquad (A.96)$$

$$c(x, 0) = f(x) \qquad (x \geq 0) \qquad (A.97)$$

$$\frac{\partial c(0,t)}{\partial x} = g(t) \qquad (t > 0) \qquad (A.98)$$

この初期値・境界値問題の解 $c(x,t)$ は

$$c(x,t) = \int_0^\infty E(x,y,t)f(y)dy$$
$$-2\int_0^\tau K(x, t-\tau)g(\tau)d \qquad (x \geq 0,\ t > 0) \qquad (A.99)$$

で与えられる．

A.5　補　　　　足

A.5.1　両端が一定濃度に保たれた有限の長さの棒における拡散

初期値・境界値問題 $(A.5)$, $(A.6)$, $(A.7)$ では棒の両端の濃度は 0 であるとして解を求めたが，ここでは棒の左端 $x = 0$ では一定濃度 C_1 に保たれ，右端

$x = l$ では一定濃度 C_1 に保たれている長さ l の棒における物質拡散を考える。これは以下の初期値・境界値問題となる。

$$\frac{\partial c}{\partial t} = D\frac{\partial^2 c}{\partial x^2} \qquad (0 < x < l, \ t > 0) \qquad (A.100)$$

$$c(x, 0) = f(x) \qquad (0 \leqq x \leqq l) \qquad (A.101)$$

$$c(0, t) = C_1 \qquad (c(l, t) = C_2, \ t > 0) \qquad (A.102)$$

この問題から境界条件 C_1, C_2 を消すことを考える。もし，この問題の解が，$t \gg 0$ において初期値に無関係な定常状態 $c^{(s)}(x)$ に漸近するとすれば，それは

$$\frac{d^2 c^{(s)}(x)}{d^2 x} = 0 \qquad (A.103)$$

$$c^{(s)}(0) = C_1, \quad c^{(s)}(l) = C_2 \qquad (A.104)$$

を満足するであろう。この境界値問題の解は，つぎのようになる。

$$c^{(s)}(x) = C_1 + \frac{C_2 - C_1}{l} x \qquad (A.105)$$

これを用いて

$$c(x, t) = c^{(s)}(x) + d(x, t) \qquad (A.106)$$

と変換すれば，$d(x, t)$ は初期値・境界値問題 $(A.5)$, $(A.6)$, $(A.7)$ の解となることがわかる。

$d(x, t)$ の形式解は

$$d(x, t) = \sum_{n=1}^{\infty} A_n e^{-Dk_n^2 t} \sin k_n x \qquad \left(k_n = \frac{n\pi}{l} \right) \qquad (A.107)$$

となり，この形式解が初期条件を満たすためには

$$f(x) - c^{(s)}(x) = \sum_{n=1}^{\infty} A_n \sin k_n x \qquad \left(k_n = \frac{n\pi}{l} \right) \qquad (A.108)$$

ここで A_n は

$$A_n = \frac{2}{l} \int_0^l (f(x) - c^{(s)}(x)) \sin k_n x dx \qquad (n = 1, 2, \cdots) \qquad (A.109)$$

と定まる。この初期値・境界値問題の解の存在と一意性は，初期値・境界値問題 $(A.5)$, $(A.6)$, $(A.7)$ の解の存在と一意性から明らかである。

A.5.2 球の内部での物質拡散

球形の材料における物質拡散を考える。半径方向に物質が拡散するとすれば，拡散方程式は以下のように書くことができる。

$$\frac{\partial c}{\partial t} = D \left(\frac{\partial^2 c}{\partial r^2} + \frac{2}{r} \frac{\partial c}{\partial r} \right) \tag{A.110}$$

この拡散方程式は

$$u = cr \tag{A.111}$$

とおくことにより

$$\frac{\partial u}{\partial t} = D \frac{\partial^2 u}{\partial r^2} \tag{A.112}$$

となり，1次元の拡散方程式の解法がそのまま利用できる。

A.5.3 Boltzmann変換

材料科学の実用的な問題における拡散方程式の解法として，Boltzmann変換が使われることが多い。この方法は

$$\zeta = \frac{x}{\sqrt{t}} \tag{A.113}$$

という座標変換により，拡散方程式

$$\frac{\partial c}{\partial t} = D \frac{\partial^2 c}{\partial x^2} \tag{A.114}$$

を以下の常微分方程式に

$$D \frac{d^2 c}{d\zeta^2} + \frac{\zeta}{2} \frac{dc}{d\zeta} = 0 \tag{A.115}$$

帰着させる。

注意すべきことは，この方法が有効なのは初期条件，境界条件ともにζの関数のみで記述できる場合に限るということである。この場合に限り，常微分方程式(A.115)の初期値・境界値問題の解は，拡散方程式(A.114)の初期値・境界値問題となり，解の一意性もいえるであろう。

引用・参考文献

1) 入江昭二,垣田高夫:"フーリエの方法",内田老鶴圃 (1974)
2) 藤田宏,池部晃生,犬井鉄郎,高見穎郎:"数理物理に現われる偏微分方程式 1",岩波講座 基礎数学,岩波書店 (1977)
3) 吉田耕作,加藤敏夫:"大学演習 応用数学 I",裳華房 (1961)
4) 笠原皓司:"微分積分学",サイエンス社 (1974)
5) 北田韶彦:"実用解析入門",八千代出版 (1985)
6) J.R. Cannon: "The One-Dimensional Heat Equation", Addison-Wesley (1984)

付録 B | Gauss積分に関するいろいろな公式

B.1　$f(x) = e^{-\alpha y^2}$, $\alpha > 0$ のFourier変換

以下の積分を考える。

$$I = \int_{-\infty}^{\infty} e^{-\alpha y^2 + i\beta y} dy = e^{-\beta^2/4\alpha} \int_{-\infty}^{\infty} e^{-\alpha(y - i\beta/2\alpha)} dy$$

$$= e^{-\beta^2/4\alpha} \lim_{R \to \infty} \int_{-R}^{R} e^{-\alpha(y - i\beta/2\alpha)} dy \quad\quad (B.1)$$

$z = y - i\beta/2\alpha$ として，4点 $\pm R$, $\pm R - \beta/2\alpha i$ を頂点とする長方形を積分路とする複素積分 $\int_C e^{-z^2} dz$ は，Cauchyの積分定理により0となる。ゆえに

$$\int_{-R}^{R} e^{-\alpha(y - i\beta/2\alpha)} dy = \int_{-R}^{R} e^{-\alpha y^2} dy - \frac{i\beta}{2\alpha} \int_{R-\beta/2\alpha i}^{R} e^{-(R - \beta/2\alpha i)^2} d\beta$$

$$- \frac{i\beta}{2\alpha} \int_{-R}^{-R - \beta/2\alpha i} e^{-(-R - \beta/2\alpha i)^2} d\beta \quad\quad (B.2)$$

ここで右辺の第2項，第3項の積分の絶対値は以下のように評価できる。

$$\left| \int_{R-\beta/2\alpha i}^{R} e^{-(R - \beta/2\alpha i)^2} d\beta \right| \le \int_{0}^{\beta/2\alpha} e^{-(R^2 - t^2/4\alpha^2)} dt \quad\quad (B.3)$$

$$\left| \int_{-R}^{-R - \beta/2\alpha i} e^{-(-R - \beta/2\alpha i)^2} d\beta \right| \le \int_{0}^{\beta/2\alpha} e^{-(R^2 - t^2/4\alpha^2)} dt \quad\quad (B.4)$$

これらの値は $R \to \infty$ で0となるので，$f(x) = e^{-\alpha y^2}$, $\alpha > 0$ のFourier変換は以下のように記述できる。

$$I = e^{-\beta^2/4\alpha} \int_{-\infty}^{\infty} e^{-\alpha y^2} dy = \sqrt{\frac{\pi}{\alpha}} e^{-\beta^2/4\alpha} \quad\quad (B.5)$$

B.2 多変数関数の Gauss 積分

つぎの積分公式を用いて

$$\int_{-\infty}^{\infty} \cdots \int_{-\infty}^{\infty} \exp\left(-\sum_{i=1}^{N} a_i x_i^2\right) dx_1 dx_2 \cdots dx_N = \sqrt{\frac{\pi^N}{\prod_{i=1}^{N} a_i}} \quad (B.6)$$

以下の積分を求める。

$$I = \int_{-\infty}^{\infty} \cdots \int_{-\infty}^{\infty} \exp\left(-\sum_{i,j=1}^{N} b_{ij} x_i x_j\right) dx_1 dx_2 \cdots dx_N \quad (B.7)$$

ただし b_{ij} を成分とする行列 $B = (b_{ij})$ は対称行列とする。列ベクトル $\vec{x}$ と行ベクトル ${}^t\vec{x}$ を以下のように書き表すと

$$\vec{x} = \begin{bmatrix} x_1 \\ x_2 \\ \vdots \\ x_N \end{bmatrix}, \quad {}^t\vec{x} = [x_1, x_2, \cdots, x_N]$$

式 (B.7) の $\sum_{i,j=1}^{N} b_{ij} x_i x_j$ は以下のような 2 次形式で記述できる。

$$F(x_1, x_2, \cdots, x_N) = \sum_{i,j=1}^{N} b_{ij} x_i x_j = F(\vec{x}) = {}^t\vec{x} B \vec{x} \quad (B.8)$$

ここで以下の線形代数の定理を使う。

実正方行列 B に対し、$P^{-1}BP$ が対角行列になるような直交行列 (転置行列 ${}^tP$ が逆行列 P^{-1} に等しい : ${}^tP = P^{-1}$) が存在するためには、B が対称行列であることが必要十分条件である。

2 次形式 $F(\vec{x})$ に対して適当な直交行列 P をとって、$\vec{x} = P\vec{y}$ とすれば

$$\begin{aligned} G(\vec{y}) = F(\vec{x}) &= {}^t\vec{x} B \vec{x} = {}^t(P\vec{y}) B (P\vec{y}) = {}^t\vec{y}({}^tPBP)\vec{y} \\ &= {}^t\vec{y}(P^{-1}BP)\vec{y} \end{aligned} \quad (B.9)$$

上記の定理により、$F(\vec{x})$ は以下のように書き表せる。

$$F(\vec{x}) = G(\vec{y}) = \sum_{i=1}^{N} \lambda_i y_i^2 \tag{B.10}$$

ここで$\lambda_1, \lambda_2, \cdots, \lambda_N$は行列$B$の固有値である。

式($B.5$)と式($B.10$)より積分Iを求めると以下のようになる。

$$I = \sqrt{\frac{\pi^N}{\prod_{i=1}^{N} \lambda_i}} = \sqrt{\frac{\pi^N}{\det(P^{-1}BP)}} \tag{B.11}$$

ここで$\det(A)$はAの行列式である。

行列の積の行列式についてつぎの定理が知られている。

A, Bを二つのn次の正方行列とすれば

$$\det(AB) = \det(A)\det(B) \tag{B.12}$$

この定理を繰り返し使うことにより，以下の関係を得る。

$$\det(P^{-1}BP) = \det(B) \tag{B.13}$$

さらに

$$I = \sqrt{\frac{\pi^N}{\det(B)}} \tag{B.14}$$

以上のことから，ゆらぎの確率分布関数$P(\alpha_1, \alpha_2, \cdots, \alpha_N)$

$$P(\alpha_1, \alpha_2, \cdots, \alpha_N) = \sqrt{\frac{\det(G)}{(2\pi k_B)^N}} \exp\left(-\frac{1}{2k_B} \sum_{i,j=1}^{N} g_{ij}\alpha_i \alpha_j\right) \tag{B.15}$$

は以下のような規格化条件を満足することが確認できた。

$$\int P(\alpha_1, \alpha_2, \cdots, \alpha_N) d\alpha_1 d\alpha_2 \cdots d\alpha_N = 1 \tag{B.16}$$

引用・参考文献

1) 松坂和夫："線型代数入門"，岩波書店 (1980)

付録 C 鞍部点法

$f(z), g(z)$ は複素平面 z の単連結域 D で正則な関数とする.この単連結域 D での積分路 C に沿った複素積分

$$I(\alpha) = \int_C e^{\alpha f(z)} g(z) dz \qquad (C.1)$$

で表される関数 $I(\alpha)$ に対して,$|\alpha| \to \infty$ のときの振舞いを考える.ここで α は正のパラメータとしても一般性を失わない.なぜなら,もし α が複素数 $\alpha = |\alpha| e^{arg\alpha}$ のときは,位相因子 $e^{arg\alpha}$ を関数 $f(z)$ に掛けたものを新たに関数 $f(z)$ とみなし,$|\alpha|$ を正のパラメータと見ればよいからである.

一般に,$\alpha \gg 1$ のとき位相因子 $e^{i\alpha \mathrm{Im}(f)}$ は非常に激しく振動するため C のどの部分が積分に大きく寄与するかの評価が難しい.しかし,Cauchy の積分定理により,積分路 C を $\mathrm{Im}(f)$ が一定値 $\mathrm{Im}(f_0)$ となるような単連結域 D での積分路 C' に変えることができ,この項は $e^{i\alpha \mathrm{Im}(f_0)}$ としてくくり出すことができて

$$I(\alpha) = e^{i\alpha \mathrm{Im}(f_0)} \int_{C'} e^{\alpha \mathrm{Re}(f(z))} g(z) dz \qquad (C.2)$$

となる.もし C' 上の値 $\mathrm{Re}(f(z))$ が点 z_s で極大値をとれば,被積分関数への寄与はもっぱらこの極大点 z_0 付近からくる.$\alpha \to \infty$ のときは,$z = z_0$ 付近以外からの積分への寄与は 0 に近付く.

まず

$$f(z) = u(\xi, \zeta) + iv(\xi, \zeta) \qquad (C.3)$$

とすると,C' に沿って $v(\xi, \zeta)$ は一定値 $\mathrm{Im}(f_0)$ であるから,極大点 z_0 での値も $\mathrm{Im}(f_0)$ となる.C' の接線方向を x とすると,C' 上において

$$\left(\frac{\partial v}{\partial x}\right)_{C'} = 0 \qquad (C.4)$$

が成り立つ.さらに C' に沿った $u(\xi, \zeta)$ の変化を見れば,z_0 で極大となるため

が成り立つ。したがって

$$\left(\frac{\partial u}{\partial x}\right)_{z_0} = 0 \tag{C.5}$$

$$\left[\frac{\partial}{\partial x}(u+iv)\right]_{z_0} = \left(\frac{\partial f}{\partial x}\right)_{z_0} = 0 \tag{C.6}$$

となる。

y を C' の法線方向とする。$f(z)$ は正則関数であるから，Cauchy-Riemann の関係式

$$\frac{\partial u}{\partial x} = \frac{\partial v}{\partial y}, \quad \frac{\partial v}{\partial x} = -\frac{\partial u}{\partial y} \tag{C.7}$$

が成り立ち，さらに Laplace 方程式

$$\nabla^2 u = 0, \quad \nabla^2 v = 0 \tag{C.8}$$

が得られる。このことから

$$f'(z) = 0 \tag{C.9}$$

を満たす点は z_0 しかないことがわかる。式 $(C.9)$ が成り立つ点を鞍部点といい，改めて z_s と書く。目的の積分路 C' を得るためには，まず最初に式 $(C.9)$ により鞍部点 z_s を求め，ついで z_s を通る $\mathrm{Im}(f(z)) = v(\xi,\zeta) = \mathrm{Im}(f_0)$ となる曲線を選べばよい（**図 C.1** 参照）。

鞍部点 z_s 近傍で $f(z)$ を展開すると

$$f(z) = f(z_s) + \frac{1}{2}f''(z_s)(z-z_s)^2 + \cdots \tag{C.10}$$

となる。$f''(z_s) = |f''(z_s)|e^{i\theta}$，$z - z_s = se^{\phi}$ とおくと

$$\mathrm{Re}(f(z)) \approx \mathrm{Re}(f(z_s)) + \frac{1}{2}|f''(z_s)|s^2 \cos(2\phi + \theta) \tag{C.11}$$

$$\mathrm{Im}(f(z)) \approx \mathrm{Im}(f(z_s)) + \frac{1}{2}|f''(z_s)|s^2 \sin(2\phi + \theta) \tag{C.12}$$

となる。z_s を通る積分路 C' を $\mathrm{Im}(f(z)) = \mathrm{Im}(f(z_s)) = \mathrm{Im}(f_0)$ となるように選ぶと，条件式 $\sin(2\phi + \theta) = 0$ が得られる。この条件式は

$$\phi = -\frac{1}{2}\theta + \frac{(i-1)}{2}\pi \quad (i = 1, 4) \tag{C.13}$$

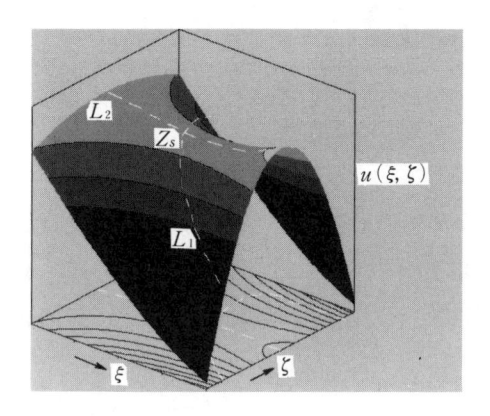

図 C.1 関数$u(\xi, \zeta)$の鞍部点z_sの周りの等高線(実線)と最急降下線(破線)L_1およびL_2

の四つの解を持つが，$f(z_s)$が極大値となるように谷から谷への積分路は$\phi = -\theta/2 + \pi/2$, $\phi = -\theta/2 + 3\pi/2$で与えられ，このとき$\cos(2\phi+\theta) = 1$となる。$\alpha \to \infty$のとき式$(C.1)$の$C'$上の積分は以下のように近似できる。

$$\begin{aligned}
I(\alpha) &\approx e^{\alpha f(z_s)} \int_{C'} e^{-\alpha |f''(z_s)| s^2/2} g(z) dz \\
&\approx e^{\alpha f(z_s)} g(z_s) e^{(-\theta+\pi)i/2} \\
&\quad \times \left(\int_0^\infty e^{-\alpha |f''(z_s)| s^2/2} ds + e^{i\pi} \int_\infty^0 e^{-\alpha |f''(z_s)| s^2/2} ds \right) \\
&\approx 2 e^{\alpha f(z_s)} g(z_s) e^{(-\theta+\pi)i/2} \left(\int_0^\infty e^{-\alpha |f''(z_s)| s^2/2} ds \right) \\
&\approx e^{\alpha f(z_s) + (-\theta+\pi)i/2} g(z_s) \sqrt{\frac{2\pi}{\alpha |f''(z_s)|}} \quad (C.14)
\end{aligned}$$

引用・参考文献

1) G. Arfken: "Mathematical Methods for Physicist", Academic Press (1985)

付録 D 変 分 法

変分法は自由エネルギー汎関数の停留値を求める問題をはじめ，材料科学のいろいろな場面で利用されている．ここでは1変数の変分について簡単に述べる．

区間 $[x_1, x_2]$ で定義された関数 $y = y(x)$ に対し，以下の積分

$$I(y) = \int_{x_1}^{x_2} F(x, y(x), y'(x)) dx \tag{D.1}$$

の停留値(極大，極小，鞍部点など)を求める問題を考える．ただし $F(x, y(x), y'(x))$ は3変数の与えられた関数で，それぞれの変数 x, y, y' に関して2回連続微分可能であり，また y の2回微分である y'' も連続であるとする．ここで $y(x)$ は以下の境界条件を満足する．

$$y(x_1) = y_1, \quad y(x_2) = y_2 \tag{D.2}$$

二つの点 (x_1, y_1), (x_2, y_2) を結ぶ積分経路のなかで，I の停留値を与えるような最適な経路を見つけるのが与えられた問題である．最適な積分経路が存在するとして，選定した積分経路での I の値と比較する．区間 $[x_1, x_2]$ のある点 x での選定した積分経路と最適経路との偏差を y の変分といい，δy で表す(図 **D.1** 参照)．δy，すなわち選定した積分経路は，パラメータ ϵ と，2回微分可能で以下の境界条件を満足する関数 $h(x)$ により表すことができる．

$$h(x_1) = 0, \quad y(x_2) = 0 \tag{D.3}$$

パラメータ ϵ，$h(x)$ により記述される積分経路では，y は

$$y(x, \epsilon) = y(x, 0) + \epsilon h(x) = y(x, 0) + \delta y \tag{D.4}$$

ここで，$y(x, 0)$ は未定の最適積分経路で，$I(y)$ の停留値を与える停留関数である．パラメータ ϵ が十分小さな正の値であれば，区間 $[x_1, x_2]$ の任意の点 x において，$y(x, \epsilon)$ は $y(x, 0)$ の任意の小さい近傍内に入る．式(D.4)を式(D.1)に代入し，積分を ϵ の関数として表す．

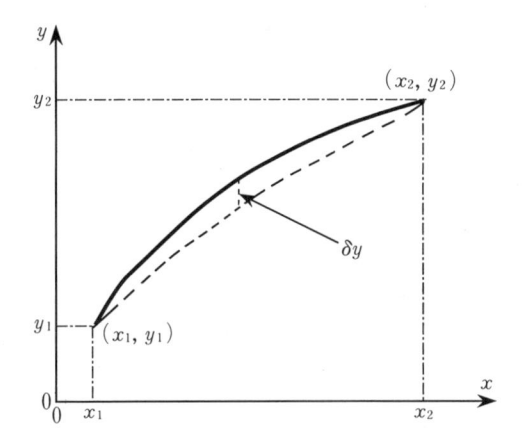

図 D.1 最適積分経路 (破線) と選定した積分経路 (実線)

$$I(\epsilon) = \int_{x_1}^{x_2} F(x, y(x,\epsilon), y'(x,\epsilon)) dx \tag{D.5}$$

式 (D.5) の積分が停留値となるための条件は

$$\frac{\delta I}{\delta \epsilon} = 0 \tag{D.6}$$

である。

$$\frac{\delta I(\epsilon)}{\delta \epsilon} = \int_{x_1}^{x_2} \left(\frac{\partial F}{\partial y} h + \frac{\partial F}{\partial y'} h' \right) dx \tag{D.7}$$

第2項を部分積分すると

$$\begin{aligned}\frac{\delta I(\epsilon)}{\delta \epsilon} &= \left[\frac{\partial F}{\partial y'} h \right]_{x_1}^{x_2} - \int_{x_1}^{x_2} h \left[-\frac{\partial F}{\partial y} + \frac{d}{dx}\left(\frac{\partial F}{\partial y'} \right) \right] dx \\ &= -\int_{x_1}^{x_2} h \left[-\frac{\partial F}{\partial y} + \frac{d}{dx}\left(\frac{\partial F}{\partial y'} \right) \right] dx \end{aligned} \tag{D.8}$$

$y(x,0)$ が停留関数となるためには

$$\int_{x_1}^{x_2} h \left[\frac{\partial F}{\partial y} - \frac{d}{dx}\left(\frac{\partial F}{\partial y'} \right) \right] dx = 0 \tag{D.9}$$

が式 (D.3) を満足する任意の関数 $h(x)$ について成り立つ必要がある。

以下の補題[1])を用いて式 (D.9) から Euler-Lagrange 方程式を導く。

補題 $M(x)$ は区間 $[x_1, x_2]$ で連続な関数，また $h(x)$ は任意の連続微分可能な関数であり，$h(x_1) = 0$ および $h(x_2) = 0$ を満足する．

$$\int_{x_1}^{x_2} h(x)M(x)dx = 0 \tag{D.10}$$

が上記の条件を満足する任意の $h(x)$ について成り立つための必要十分条件は

$$M(x) \equiv 0 \quad (x_1 \leqq x \leqq x_2) \tag{D.11}$$

である．

この補題を用いて以下の Euler-Lagrange 方程式が得られる．

$$\frac{\partial F}{\partial y} - \frac{d}{dx}\left(\frac{\partial F}{\partial y'}\right) = 0 \tag{D.12}$$

引用・参考文献

1) H. Sagan: "Boundary and Eigenvalue Problems in Mathematical Physics", Dover (1989)

付録 E 微分方程式の固有値問題

2階の線形偏微分方程式を変数分離法で解こうとするとき，つぎのような2階線形常微分方程式の境界値問題に出会うことが多い．

$$\frac{d}{dx}\left(p(x)\frac{du}{dx}\right) + q(x)u(x) + \lambda w(x)u = 0 \quad (a < x < b) \quad (E.1)$$

$$\gamma_1 u'(a) + \eta_1 u(a) = 0, \quad \gamma_2 u'(b) + \eta_2 u(b) = 0 \quad (E.2)$$

$p(x)$, $p'(x)$, $q(x)$, $w(x)$ は $a \leq x \leq b$ で連続な実数値関数であって，$p(x) > 0$，$w(x) > 0$ であるとする．γ_1, η_1, γ_2, η_2 は実定数であって

$$\gamma_1^2 + \eta_1^2 \neq 0, \quad \gamma_2^2 + \eta_2^2 \neq 0$$

とする．ここで λ は分離定数である．式 $(E.1)$, $(E.2)$ を Strum-Liouville の問題という．

式 $(E.1)$ の独立な解を $u_1(x)$, $u_2(x)$ とすれば，一般解は

$$u(x) = \alpha(\lambda)u_1(x) + \beta(\lambda)u_2(x)$$

と表せる．これを式 $(E.2)$ に代入すれば，$\alpha(\lambda)$, $\beta(\lambda)$ に対する同次連立1次方程式を得る．したがって，式 $(E.1)$, $(E.2)$ に恒等的に0でない解が存在するなら，この同次連立1次方程式の係数行列の行列式は0でなければならない．この条件は任意の λ については満足されず，λ の特別な値に対してのみ適用される．つまり，境界値問題 $(E.1)$, $(E.2)$ は λ についての固有値問題である．

Strum-Liouville の固有値問題について基礎的なことをまとめると以下のようになる．

(1) 固有値 λ はすべて実数である．したがって固有関数 $u(x)$ も実数値関数にとれる．

(2) 固有値は可算個[†]存在し,最小値が存在する。これらの固有値を$\lambda_1 < \lambda_2 < \cdots < \lambda_n < \cdots$とすれば,これらは有限値に収束することなく$n \to \infty$のとき$\lambda_n \to \infty$である。

(3) どの固有値も縮退していない。

(4) 固有値λ_nに対応する固有関数$u_n(x)$は$a \leq x \leq b$で$n-1$個の零点を持つ(Strumの零点比較定理)。

(5) 固有関数が正規化されているとすれば,固有関数系$u_1, u_2, \cdots, u_r$は重み$w(x)$に関して正規直交系をなす[††]。

さて,ここで固有値の上界,下界について考えてみよう。上界については以下のRayleigh-Ritzの変分法がよく使われる。規格化条件

$$\int_a^b u^2 w(x)dx = 1 \tag{E.3}$$

が課されたうえで,つぎのような汎関数$I(u)$の停留値問題を考える。

$$I(u) = \frac{\int_a^b \left[p(x)\left(\frac{du}{dx}\right)^2 - q(x)u^2\right]dx}{\int_a^b u^2 w(x)dx} \tag{E.4}$$

$I(u)$の停留値を与える関数は以下のStrum-Liouville方程式

$$\frac{d}{dx}\left(p(x)\frac{du}{dx}\right) + q(x)u + \lambda w(x)u = 0 \tag{E.5}$$

を満たす。式(E.4)の分子の積分は部分積分により

$$\left[p(x)u\frac{du}{dx}\right]_a^b - \int_a^b u\left[\frac{d}{dx}\left(p(x)\frac{du}{dx}\right) + q(x)u\right]dx$$

となるが,式(E.2)の境界条件で$\gamma_1 = 0$または$\eta_1 = 0$,および$\gamma_2 = 0$または

[†] 自然数全体の集合Nの濃度(すなわち元の数)を可算無限個という。有限個もしくは加算無限個を加算個という。

[††] Vを内積空間とする。Vの元u, vの内積$(u, v) = 0$のとき直交するといわれる。Vの元$v_1, v_2, \cdots, v_r$がどれも0でなく,どの二つもたがいに直交するとき,これらの元は直交系をなすといわれる。元$v_1, v_2, \cdots, v_r$が直交系でさらにノルム$\| v_i \| = 1 \, (i = 1, \cdots, r)$であるとき,これらは正規直交系であるといわれる。ただしノルム$\| v_i \| = \sqrt{(v, v)}$である。

$\eta_2 = 0$ の条件が満足されれば†,第 1 項が

$$\left[p(x)u\frac{du}{dx} \right]_a^b = 0$$

となり,$I(u)$ は以下のように表せる。

$$I(u) = -\frac{\int_a^b u\left[\frac{d}{dx}\left(p(x)\frac{du}{dx}\right) + q(x)u\right]dx}{\int_a^b u^2 w(x)dx} \tag{E.6}$$

式 $(E.6)$ に式 $(E.5)$ を代入すると,$I(u)$ の停留値が与えられる。

$$I(u_n) = \lambda_n \tag{E.7}$$

ここで λ_n は固有値で固有関数 u_n と対応する。

最小固有値を与える固有関数 u_1 と固有値 λ_1 を求めてみよう。固有関数 u_1 は未知であるが,近似関数 u を非常にうまく考え出せたとすると,それは以下のように書くことができるであろう。

$$u = u_1 + \sum_{i=2}^{\infty} c_i u_i \tag{E.8}$$

ここで c_i は小さな値をとる。y_i は規格化された固有関数である。

近似関数 u_i を式 $(E.6)$ に代入し

$$\int_a^b u_i \left[\frac{d}{dx}\left(p\frac{du_i}{dx}\right) + qu_i\right]dx = -\lambda_i \delta_{ij} \tag{E.9}$$

に注意すると

$$I(u) = \frac{\lambda_1 + \sum_{i=2}^{\infty} c_i^2 \lambda_i}{1 + \sum_{i=2}^{\infty} c_i^2} \tag{E.10}$$

が得られ,分母を展開し,c_i^4 以上の項を省略すれば

$$I(u) = \lambda_1 + \sum_{i=2}^{\infty} c_i^2 (\lambda_i - \lambda_1) \tag{E.11}$$

---

† もちろんこのような限定をする必要はない。ここでは簡単のためにこの条件を使った。核形成の時間依存性の問題では $\gamma_1 = \gamma_2 = 0$ である。

λ_1 は最小固有値であるから，$\lambda_i - \lambda_1 > 0 \ (i \geq 2)$ であり

$$I(u) = \lambda \geq \lambda_1 \tag{E.12}$$

となり，最小固有値 λ_1 の上界が求められた．

最小固有値の下界に関しては，1次元の最大値原理から得られる以下の定理[1]を利用する．

定理　$w(x)$ が閉区間 $[a, b]$ で正であり，以下の不等式を満足するとき

$-w'(a)\cos\theta + w(a)\sin\phi \geq 0,$

$w'(b)\cos\phi + w(b)\sin\theta \geq 0$

$$\left(-\frac{\pi}{2} \leq \theta \leq \frac{\pi}{2}, \ -\frac{\pi}{2} \leq \phi \leq \frac{\pi}{2}\right) \tag{E.13}$$

以下の境界値問題

$$\frac{d^2 u}{dx^2} + g(x)\frac{du}{dx} + (h(x) + \lambda k(x))u = 0, \tag{E.14}$$

$-u'(a)\cos\theta + u(a)\sin\phi = 0,$

$-u'(b)\cos\phi + u(b)\sin\theta = 0$

$$\left(-\frac{\pi}{2} \leq \theta \leq \frac{\pi}{2}, \ -\frac{\pi}{2} \leq \phi \leq \frac{\pi}{2}\right) \tag{E.15}$$

の固有値は以下の値よりも小さくなることはない．

$$\inf_{a \leq x \leq b} \left(-\frac{\dfrac{d^2 w}{dx^2} + g(x)\dfrac{dw}{dx} + h(x)w}{k(x)w} \right) \tag{E.16}$$

式 $(E.16)$ より，最小固有値の下界を求めることができる．

引用・参考文献

1) M.H. Protter and H.F. Weinberger: "Maximum Principle in Differential Equations", Springer-Verlag (1984)

2) H. Sagan: "Boundary and Eigenvalue Problems in Mathematical Physics", Dover (1989)

章末問題の解答

第 1 章

(1) Helmholtz の自由エネルギー F は，示量変数である体積 V と原子数 $N_1, N_2, \cdots, N_N$ の 1 次関数であるから，体積と各原子の数が k 倍になったときには F の値も k 倍になる。

$$F(T, kV, kN_1, \ldots, kN_N) = kF(T, V, N_1, \ldots, N_N)$$

上の式を k で偏微分すると

$$\frac{\partial F}{\partial (kV)} V + \sum_{j=1}^{N} \frac{\partial F(T, kV, kN_1, \ldots, kN_N)}{\partial (kN_j)} N_j = F(T, V, N_1, \ldots, N_N)$$

となり，$k = 1$ とおくと以下の式が得られる。

$$F = \left(\frac{\partial F}{\partial V}\right)_{T, N_j} V$$
$$+ \sum_{j=1}^{N} \left(\frac{\partial F}{\partial N_j}\right)_{T, v, N_{j'} \neq N_j} N_j = -pV + \sum_{j=1}^{N} \mu_j N_j$$

この式から

$$dF = -pdV - Vdp + \sum_{j=1}^{N} (\mu_j dN_j + N_j d\mu_j)$$

この式と以下の式

$$dF = -SdT - pdV + \sum_{j=1}^{N} \mu_j dN_j$$

より，以下の Gibbs-Duhem 関係式を得る。

$$SdT - Vdp + \sum_{j=1}^{N} d\mu_j N_j = 0$$

(2) ヒントより以下の常微分方程式を得る。

$$-\frac{\eta}{2}\frac{dc}{d\eta} = \frac{d}{d\eta}\left(\tilde{D}\frac{dc}{d\eta}\right) \quad (c(-\infty) = c_0, \ c(\infty) = 0)$$

常微分方程式の両辺を η で積分して

$$-\frac{1}{2}\int_0^c \eta dc' = \int_0^c d\left(\widetilde{D}\frac{dc}{d\eta}\right)$$

上の式より $\widetilde{D}(c)$ は以下のように記述できる。

$$\widetilde{D}(c) = -\frac{1}{2}\frac{d\eta}{dc}\bigg|_c \int_0^c \eta dc' = -\frac{1}{2t}\frac{dx}{dc}\bigg|_c \int_0^c xdc'$$

ここで $\int_0^{c_0} xdc' = 0$ となるように $x=0$ を定める (俣野界面)。

第 2 章

(1) Onsager の線形熱力学より，熱流 J_q および電流 J_e は以下の式で記述できる。

$$J_q = L_{qq}\nabla\frac{1}{T} + L_{qe}\frac{E}{T}$$
$$I_e = L_{eq}\nabla\frac{1}{T} + L_{ee}\frac{E}{T}$$

$L_{qq}, L_{qe}, L_{eq}, L_{ee}$ は現象論的係数である。

電流が流れないときは

$$0 = L_{ee}ET - L_{eq}\frac{\partial T}{\partial x}$$

ゆえに

$$L_{ee}\int ETdx = L_{eq}\int \frac{\partial T}{\partial x}dx = L_{eq}\Delta T$$

ΔT が T に比べて小さいときは

$$L_{ee}\int ETdx = L_{ee}T\int Edx = -L_{ee}\Delta\phi = L_{eq}\Delta T$$

ここで $\Delta\phi = -\int Edx$ である。以上のことから

$$\frac{\Delta\phi}{\Delta T} = -\frac{1}{T}\frac{L_{eq}}{L_{ee}}$$

つぎに回路の両端を一定温度に保つとき，回路に流れる電流を考える。このとき

$$J_q = L_{qe}\frac{E}{T}$$
$$I_e = L_{ee}\frac{E}{T}$$

上の式を下の式で割ると

$$\frac{L_{qe}}{L_{ee}} = \frac{J_q}{I_e} = \Pi_{AB}$$

Onsager の相反関係から $L_{eq} = L_{eq}$ であるから

$$\frac{\Delta\phi}{\Delta T} = -\frac{1}{T}\frac{L_{eq}}{L_{ee}} = -\frac{\Pi_{AB}}{T}$$

第 3 章

(1) 式 (3.92) より

$$\frac{1}{2}K\left(\frac{d\eta}{dx}\right)^2 = \frac{1}{4}\frac{\epsilon^2}{\alpha} - \frac{1}{2}\epsilon\eta^2 + \frac{1}{4}\alpha\eta^4$$
$$= \frac{\alpha}{4}\left(\eta^2 - \frac{\epsilon}{\alpha}\right)^2$$

ゆえに
$$\left(\frac{d\eta}{dx}\right) = \pm\sqrt{\frac{\alpha}{2K}}\left(\eta^2 - \frac{\epsilon}{\alpha}\right)$$

さらに
$$\int_0^\infty \frac{d\eta}{(\eta^2 - \epsilon/\alpha)} = \pm\sqrt{\frac{\alpha}{2K}}x$$

積分を実行して
$$\eta(x) = \pm\sqrt{\frac{\epsilon}{\alpha}}\tanh\left(\sqrt{\frac{\epsilon}{2K}}x\right)$$

を得る。

(2) 行列 D の固有値 λ は D_{11} および D_{22} となる。解は式 (3.71) により求めることができるが，境界条件を満足するように定数を決める。$D_{11} \neq D_{22}$ とすると解は以下の式で与えられる。

$$c_1(x) = c_1^B + (c_1^M - c_1^B)\frac{\mathrm{erfc}(x/2\sqrt{D_{11}t})}{\mathrm{erfc}(\alpha/2\sqrt{D_{11}t})}$$
$$+ \frac{D_{12}(c_2^m - c_2^B)}{D_{11} - D_{22}}\left(\frac{\mathrm{erfc}(x/2\sqrt{D_{11}t})}{\mathrm{erfc}(\alpha/2\sqrt{D_{11}t})} - \frac{\mathrm{erfc}(x/2\sqrt{D_{22}t})}{\mathrm{erfc}(\alpha/2\sqrt{D_{22}t})}\right)$$
$$c_2(x) = c_2^B + (c_2^M - c_2^B)\frac{\mathrm{erfc}(x/2\sqrt{D_{22}t})}{\mathrm{erfc}(\alpha/2\sqrt{D_{22}t})}$$

これを流束の釣合いの式に代入すると
$$\Omega_1 = \frac{c_1^m - c_1^B}{c_1^m - c_1^p}$$
$$= f\left(\frac{\alpha}{2\sqrt{D_{11}}}\right)$$
$$- \frac{c_2^p - c_2^m}{c_1^p - c_1^m}\frac{D_{12}}{D_{11} - D_{22}}\left(f\left(\frac{\alpha}{2\sqrt{D_{22}}}\right) - f\left(\frac{\alpha}{2\sqrt{D_{11}}}\right)\right)$$
$$\Omega_2 = \frac{c_2^m - c_2^p}{c_1^m - c_1^p} = \left(\frac{\alpha}{2\sqrt{D_{22}}}\right)$$

f は
$$f(z) = \frac{\sqrt{\pi}}{2}z\exp\left(\frac{z^2}{4}\right)\mathrm{erfc}\left(\frac{z}{2}\right)$$

ここで c_i^m と c_i^p は3元状態図の平衡共役線の両端の C および Mn の濃度である。また α は

$$S = \alpha\sqrt{t}$$

で定義される速度定数である．c_i^m と c_i^p のいずれかと，α を未知数とする連立方程式を解くことにより，相変態時の界面移動が解析できる．

第 4 章

(1) ヒントより $y(t) = 1 - x(t)$ は以下の式で表される．

$$y(t) = \prod_{i=1}^{n}(1 - v_i)$$

両辺の対数をとり

$$\ln y(t) = \sum_{i=1}^{n} \ln(1 - v_i)$$

$v_i \ll 1$ のとき $\ln(1 - v_i) \approx -v_i(x)$ となるので

$$\ln y(t) = -\sum_{i=1}^{n} v_i(x) = V_x$$

以上のことから

$$x(t) = 1 - \exp(-V_x)$$

(2) 以下の積分を計算する．

$$I(n, m) = \int_{1/2}^{\infty} x^m \exp(-2n)dx$$

ここで n, m は正または 0 の整数である．部分積分を行い以下の漸化式を得る．

$$I(n, m) = \frac{1}{2n}\left(\frac{1}{2}\right)^m e^{-2n} + \frac{m}{2n} I(n, m-1)$$

$I(n, 0) = e^{-2n}/2n$ より漸化式を繰り返し用いて $I(n, 1) = (n+1)e^{-2n}/4n^2$, $I(n, 2) = (n^2 + 2n + 2)e^{-2n}/8n^3$, $I(n, 3) = (n^3 + 3n^2 + 6n + 6)e^{-2n}/16n^4$ を得る．これを用いて式 (4.122) の積分を計算すると，空間 2 次元 ($n=2$) では 1，空間 3 次元 ($n=3$) では 8/9 となる．

第 5 章

(1) Cr の原子分率を x とする．相境界温度 T_{eq} は，$x \neq 0.5$ では $T_{eq} = 2T_c(2x-1)/\ln[x/(1-x)]$，$x = 0.5$ では $T_{eq} = T_c$ となる．スピノーダル温度 T_{sp} は $T_{sp} = 4T_c/[1/x + 1/(1-x)]$ で与えられる．横軸に Cr の原子分率，縦軸に相境界温度 T_{eq}，スピノーダル温度 T_{sp} をとれば，バイノーダル線およびスピノーダル線が得られる．

索引

【あ】

安定核	93
——の成長	53
安定核表面	91
安定状態	62, 72
安定な固溶体	18
安定平衡	40
鞍部点	63, 154
鞍部点解	63
鞍部点法	42, 48

【い】

位相点	104
1次モーメント	110
一様収束の定理	134
一般化されたFickの第1法則	36
移動速度	87
易動度	16, 66
易動度行列	72
引力	113

【う】

運動エネルギーの時間変化	26

【え】

液滴	39
液滴形成	86
液滴モデル	40, 44
エネルギー汎関数	111
エネルギー保存則	26, 30
エネルギー流	26
エルゴード性	107
エントロピー	2
エントロピー生成	27, 30
エントロピー釣合い	27
——の式	28, 30

【お】

重み付サンプリング法	106

【か】

解析接続	43
解の一意性	135, 140
界面移動	76, 89, 101
界面移動モデル	96
界面エネルギー	112
界面エネルギー項	40, 45
界面の移動速度	87
化学自由エネルギー	112
化学ポテンシャル	2
——の勾配	16, 36
可逆変化	2, 27
角形分布	127
核形成	20
核形成・成長	18
核形成の臨界核サイズ	70
核形成頻度	44, 63, 73
——の時間依存性	49
拡散	10
拡散係数	12, 55, 67
拡散現象	10
拡散相互作用	55
拡散の活性化エネルギー	15
拡散の機構	10
拡散の熱力学	16
拡散方程式	37, 129
——の初期値・境界値問題	53
拡散律速成長	53
拡散流	25
拡散流束	16, 65, 78
拡張体積	90
各点収束	134
確率密度	72
確率密度関数	110
加工熱処理	103
活量	16
活量係数	17
カノニカル集団	105
カノニカル分布	105
過飽和	39
過飽和固溶体	40, 76, 90
過飽和度	94
関数項級数	130
観測値	105

【き】

規格化条件	107
期待値	104
基本解	139
逆位相境界	84
球形析出核の形成エネルギー	65
球形の析出物	54
吸着・離脱	45
凝集エネルギー	8
共通接線	4
極限分布	107
局所自由エネルギー	125

168　索　　引

局所秩序変数　　　　　　　
　　　　　　56, 61, 72, 85
局所秩序変数配置　　　72
局所的なエントロピー生成
　　　　　　　　　　　27
局所的な熱力学的力　　85
局所的な濃度　　　　　58
局所平衡　　　　　　　28
　　──の仮定　　　　28
巨視的拡散　　　　　　11
巨視的な観測地　　　 104
巨視的な状態　　　　 104
巨視的熱力学部分系　　28
均一核形成　　　　　　90
均一固溶体　　　　　　 7

【く】

空孔型拡散　　　　 10, 15
駆動力　　　　　　　　20
区分的になめらか　　 129
区分的に連続　　　　 129
クラスタ形成　　　　　40
クラスタ形成エネルギー　44
クラスタサイズ分布関数　68
クラスタダイナミックス
　モデル　　　　　　　39
クラスタダイナミックス
　理論　　　　　　　　68
クラスタの分裂反応　　68
クラスタの臨界サイズ　71

【け】

計算材料科学　　　　 101
形態変化　　　　　　 119
結合エネルギー　　　　 8
結晶方位　　　　　　 119
結晶粒界エネルギー　 120
結晶粒径分布　　　　 121
結晶粒構造　　　　　 122
結晶粒成長　　　　96, 119
　　──の予測　　　 119

結晶粒成長挙動　　　　96
結晶粒成長速度　　　　96
結晶粒の成長　　　　　84
原子環拡散　　　　　　11
原子間距離　　　　　 113
原子間ポテンシャル　 113
原子対の頻度　　　　 115
原子の流束　　　　　　12
原子配列　　　　　　 114
現象論的係数
　　　　　31, 32, 85, 111

【こ】

格子間位置　　　　　　11
格子間拡散　　　　　　10
格子点　　　　　 113, 119
高純度金属　　　　　　99
合成関数についての平均値
　の定理　　　　　　　47
構成成分の数　　　　　 6
勾配エネルギー係数　 125
項別微分可能　　　　 131
誤差関数　　　　　　 142
古典的核形成理論　　　39
古典的非可逆過程の熱力学
　　　　　　　　　24, 28
固有値の下界　　　　　51
固有値の上界　　　　　51
固溶体　　　　　　　　 8
混合Gibbs自由エネルギー
　　　　　　　　　　6, 9
混合エンタルピー　　　 8
混合エントロピー　　　 7

【さ】

最近接原子サイト数　 117
最小固有値の下界　　 162
最小固有値の上界　　 162
サイズ分布関数　 77, 81, 82
最大値原理　　　　　 162
最適経路　　　　　　 156

材料設計　　　　　　 103
差分化　　　　　　　 115

【し】

時間微分　　　　　　　29
示強変数　　　　　　　 6
時空間における相の場　111
試行　　　　　　　　 119
試行関数　　　　　　　51
試行配置　　　　　　 120
質量比　　　　　　　　26
質量保存　　　　　　　24
質量保存式　　　　　　82
質量保存則　　　　25, 30
ジャンプ過程　　　　　14
ジャンプ頻度　　　　 124
自由エネルギー・組成曲線
　　　　　　　　　　　 4
自由エネルギー超曲面　73
自由エネルギー汎関数
　　　　41, 61, 72, 109, 112
周期境界条件　　　　 115
集　団　　　　　　　 104
自由度　　　　　　　　 6
主曲率　　　　　　　　87
準安定過飽和固溶体　　20
準安定固溶体　　　　　91
準安定状態　　　 18, 62, 72
準安定平衡　　　　　　40
準定常近似　　　　　　78
詳細釣合い原理
　　　　　32, 35, 45, 69
詳細釣合い条件　　　 107
状態図　　　　　　　 103
状態変数　　　　　　 119
示量性　　　　　　　　 6
示量変数　　　　　　　 3
振動数因子　　　　15, 67
侵入型原子　　　　　　11
振幅因子　　　　　　　67

索引　169

【す】

スピノーダル線	68
スピノーダル分解	19
——の濃度振幅	70
——の臨界波長	68
スピン変数	119

【せ】

正準集団	105
正準分布	105
正常粒成長	119
正則溶体近似	8
正則溶体モデル	9, 116
成長則	119
成長速度	91
成長速度係数	96
成長速度指数	77
析出	20
析出核/マトリックス境界	63
析出相	91
析出物	53
——の粗大化	76
斥力	113
絶対積分可能	137
セル境界	125
セル濃度	60
セル配置	60
遷移確率	107
全エントロピー流	27
線形 Cahn-Hilliard 方程式	67
線形則	32
線形熱力学	31, 37
潜伏時間	50

【そ】

| 相関距離 | 63 |
| 相空間 | 70 |

相空間確率密度分布関数	105
相互作用エネルギー	113
相互作用パラメータ	8, 116
相の数	6
相分離	18, 70, 101, 115
相分離挙動の予測	112
相分離後期	76
相分離後期課程	76
相平衡	1
相変態	90
粗雑視されたセル間	108
粗視化	58
組織形成過程の予測	119
組織形成の動力学	101
組織の時間発展	76, 111

【た】

第一原理計算	102
対称解	107
体心立方格子	115
体積分率	91
大分配関数	60
単原子	45
単純サンプリング法	106

【ち】

置換型原子	10
秩序変数	111
——の分布関数	62
秩序・無秩序転移	84
中心速度	25
直接交換拡散	11

【て】

定常解	47, 72
定常核形成頻度	46, 48
定常状態	109
定常分布関数	46
定常粒成長	98
停留関数	156

| 停留値 | 156 |

【と】

統計集団	104
統計的平均	110
閉じた系	26

【な】

| 内部エネルギー | 1 |
| 流れ速度 | 16 |

【に】

2階微分演算子	110, 116
2元合金	2
2相共存域	4, 90
2相分離	9
1/2乗則	99

【ね】

熱活性化過程	14
熱脆化	112
熱伝導方程式	129
熱伝導率	32
熱平衡	105
熱ゆらぎの相関距離	71
熱力学第1法則	1, 27
熱力学第2法則	1, 28
熱力学的極限	60
熱力学的力	30, 35, 66
熱力学的流れ	30
熱流	26

【の】

| 濃度勾配 | 58 |
| 濃度ゆらぎ | 18, 53 |

【は】

バイノーダル線	18
バルクエネルギー項	40
バルク項	45
汎関数微分	66

【ひ】

非圧縮性	30
微視状態	60, 104
微視的可逆性	32
微視的な状態数	33
ひずみエネルギー障壁	14
比体積	26
非平衡過程の局所表現	30
非保存場	111
ピン止め	99

【ふ】

不安定状態	19
不安定定常状態	87
フェーズフィールド法	101, 111
不可逆変化	2, 27
不均一系の自由エネルギー汎関数	57, 66
複素自由エネルギー	42, 74
物質拡散	19
物質の拡散流	35
物質の流れ	46
物質流	110
負の拡散	18
部分系	28, 58, 72
分配関数	105

【へ】

平均結晶粒径	121
平均ジャンプ時間	124
平衡条件	2, 3, 77
平衡状態	2, 16, 85
平衡状態図	18
平衡熱力学	1
平衡分布	107
平面解	63
偏析	99
変態曲線	93
変態挙動	93
変態の律速過程	94
変態率	91, 93
変調構造	117
──の周期	118
変分法	156

【ほ】

放物型偏微分方程式	129
保存則	79
保存場	111

【ま】

マクロ	102
──な拡散係数	124
マスター方程式	108
俣野界面	164
マトリックス	44

【み】

ミクロ	102

【め】

メゾスコピック	102
メゾスコピックモデル	101, 103
メトロポリスの解	107
面数分布	121
面数分布関数	122

【も】

モンテカルロ法	101, 113, 119

【ゆ】

ゆらぎの確率分布関数	152

【よ】

余誤差関数	142

【り】

離散的な位相点配置	110
離散的な原子配列	118
離散的な格子点配置	108
理想溶体	17
粒界移動阻止効果	99
粒界エネルギー	125
粒界拡散	84
粒径分布	96
粒径分布関数	97, 122
流束	72
臨界核	63
──を形成する仕事	73
臨界核形成のための仕事	48
臨界核半径の時間発展	81
臨界サイズ	39, 41
臨界半径	79

【れ】

連続体モデル	39, 56, 61, 72
連続的な濃度分布	118
連続の式	81

【A】

Abelの定理	131
Aboav-Weaire則	123
Allen-Cahnの式	111, 112
Arrhenius型の式	15
Avrami型の式	91
Avramiの式	93

【B】

Becker-Döring理論	65

索引

【B】
Binder と Stauffer の理論　70
Boltzmann 定数　7
Boltzmann 変換　148

【C】
Cahn-Hilliard 方程式　67, 103
——の数値解　112
Cahn-Hilliard 理論　70
Cauchy-Riemann の関係式　154
Cauchy の積分定理　150

【D】
Dirac の δ 関数　49
Dirichlet 条件　143

【E】
Euler-Lagrange 方程式　63, 157

【F】
Fick の第 1 法則　13, 31
Fick の第 2 法則　14
Fokker-Planck 方程式　44, 46, 69, 109
Fourier 級数　129
——の一様収束　131
——の展開定理　130
Fourier 正弦展開　133
Fourier 積分　136
Fourier の積分定理　136
Fourier の法則　31
Fourier の方法　129
Fourier 変換　67, 136

【G】
Gauss の定理　24
Gibbs-Duhem の関係式　6, 17
Gibbs-Thomson の関係　77, 87
Gibbs の関係式　29
Gibbs の自由エネルギー　2, 5
Gibbs の相律　6
Gibbs の方法　104
Ginzburg-Landau の 2 重井戸型ポテンシャル　60

【H】
Helmholtz の自由エネルギー　22

【K】
KJMA の式　93
Kolmogorov-Johnson-Mehl-Avrami の式　91, 93

【L】
Lagrange 微分　25, 29
Langevin 方程式　111
Laplace 方程式　154
Lennard-Jones 2 体ポテンシャル　113
Lifshitz と Slyozov の理論　76
Liouville の定理　105

【M】
Markov 過程　107
Metropolis 法　119

【N】
Neumann 条件　143

【O】
Onsager の線形熱力学　55, 66, 85
Onsager の相反定理　32
Ostwald 成長　76

【P】
Potts モデル　120

【R】
Rayleigh-Ritz の変分法　51, 160

【S】
Smoluchowski 方程式　69
Strum-Liouville の固有値問題　159
Strum-Liouville の問題　159
Strum-Liouville 方程式　50, 160
Strum-Liouville 境界値問題　51

【W】
Weierstrauss の定理　131

【Z】
Zeldvich 因子　49

―― 著者略歴 ――

1972 年　東京大学教養学部基礎科学科卒業
1974 年　東京大学大学院理学系研究科修士課程修了（相関理化学専攻）
1974 年
〜95 年　川崎製鉄(株)勤務
1987 年　工学博士(京都大学)
1995 年　早稲田大学教授
　　　　現在に至る

組織形成と拡散方程式
An Introduction to the Kinetics of Diffusion Controlled
Microstructural Evolutions in Materials　　　© Yoshiyuki Saito 2000

2000 年 5 月 17 日　初版第 1 刷発行
2002 年 10 月 25 日　初版第 2 刷発行

検印省略	著　者	齊藤 良行
		三鷹市深大寺 3-12-21
	発行者	株式会社　コロナ社
		代表者　牛来辰巳
	印刷所	壮光舎印刷株式会社

112-0011　東京都文京区千石 4-46-10
発行所　株式会社　コロナ社
CORONA PUBLISHING CO., LTD.
Tokyo　Japan
振替 00140-8-14844・電話(03)3941-3131(代)
ホームページ http://www.coronasha.co.jp

ISBN 4-339-04349-4　　　（金）　（製本：グリーン）
Printed in Japan

無断複写・転載を禁ずる
落丁・乱丁本はお取替えいたします

産業制御シリーズ

(各巻A5判)

- ■企画・編集委員長　木村英紀
- ■企画・編集幹事　　新　誠一
- ■企画・編集委員　　江木紀彦・黒崎泰充・高橋亮一・美多　勉

				頁	本体価格
1.	制御系設計理論とCADツール	木村・美多 新・葛谷	共著	172	2300円
2.	ロボットの制御	小島利夫	著	168	2300円
3.	紙パルプ産業における制御	神長・森 大倉・川村 佐々木・山下	共著	256	3300円
4.	航空・宇宙における制御	畑　　剛 泉　達司 川口淳一郎	共著	208	2700円
5.	情報システムにおける制御	大平　力 前井洋 涌井伸二	編著	246	3200円
6.	住宅機器・生活環境の制御	鷲田翔一 野中博	編著	248	3300円
7.	農業におけるシステム制御	橋本・村瀬 大下・森本 鳥居	共著	200	2600円
8.	鉄鋼業における制御	高橋亮一	著	192	2600円
9.	化学産業における制御	伊藤利昭	編著	近刊	

以下続刊

自動車の制御	大畠・山下共著	
船舶・鉄道車両の制御	寺田・高岡 井床・西 渡邊・黒崎 共著	
環境・水処理産業における制御	黒崎・宮本 栗山・前田 共著	
エネルギー産業における制御	松村・平山・中原編著	
構造物の振動制御	背戸一登著	

定価は本体価格+税です。
定価は変更されることがありますのでご了承下さい。

図書目録進呈◆

機械系 大学講義シリーズ

(各巻A5判)

■編集委員長　藤井澄二
■編集委員　臼井英治・大路清嗣・大橋秀雄・岡村弘之
　　　　　　黒崎晏夫・下郷太郎・田島清瀬・得丸英勝

配本順			頁	本体価格
1. (21回)	材料力学	西谷弘信著	190	2300円
3. (3回)	弾性学	阿部・関根共著	174	2300円
4. (1回)	塑性学	後藤學著	240	2900円
6. (6回)	機械材料学	須藤一著	198	2500円
9. (17回)	コンピュータ機械工学	矢川・金山共著	170	2000円
10. (5回)	機械力学	三輪・坂田共著	210	2300円
11. (23回)	振動学	下郷・田島共著	204	2500円
12. (2回)	機構学	安田仁彦著	224	2400円
13. (18回)	流体力学の基礎(1)	中林・伊藤・鬼頭共著	186	2200円
14. (19回)	流体力学の基礎(2)	中林・伊藤・鬼頭共著	196	2300円
15. (16回)	流体機械の基礎	井上・鎌田共著	232	2500円
16. (8回)	油空圧工学	山口・田中共著	176	2000円
17. (13回)	工業熱力学(1)	伊藤・山下共著	240	2700円
18. (20回)	工業熱力学(2)	伊藤猛宏著	302	3300円
19. (7回)	燃焼工学	大竹・藤原共著	226	2700円
21. (14回)	蒸気原動機	谷口・工藤共著	228	2700円
23. (9回)	改訂 内燃機関	廣安・寶諸・大山共著	240	3000円
24. (11回)	溶融加工学	大中・荒木共著	268	3000円
25. (15回)	工作機械工学	伊東・森脇共著	228	2500円
27. (4回)	機械加工学	中島・鳴瀧共著	242	2800円
28. (12回)	生産工学	岩田・中沢共著	210	2500円
29. (10回)	制御工学	須田信英著	268	2800円
31. (22回)	システム工学	足立・酒井・髙橋・飯國共著	224	2700円

以下続刊

5.	材料強度	大路・中井共著	7.	機械設計	北郷薫他著
20.	伝熱工学	黒崎・佐藤共著	22.	原子力エネルギー工学	有冨・斉藤共著
26.	塑性加工学	中川威雄他著	30.	計測工学	土屋喜一他著
32.	ロボット工学	内山勝著			

定価は本体価格+税です。
定価は変更されることがありますのでご了承下さい。

図書目録進呈◆

機械系教科書シリーズ

(各巻A5判)

- ■編集委員長　木本恭司
- ■幹　事　　平井三友
- ■編集委員　青木 繁・阪部俊也・丸茂榮佑

配本順		書名	著者	頁	本体価格
1.	(12回)	機械工学概論	木本恭司 編著	236	2800円
2.	(1回)	機械系の電気工学	深野あづさ 著	188	2400円
3.	(2回)	機械工作法	平井三友・和田任弘・塚本晃久 共著	196	2400円
4.	(3回)	機械設計法	三田純義・朝比奈奎一・黒田孝春・山口健二 共著	264	3400円
5.	(4回)	システム工学	古川正志・荒川俊村・吉野誠・浜斎己 共著	216	2700円
6.	(5回)	材料学	久保井徳洋・樫原恵蔵 共著	218	2600円
7.	(6回)	問題解決のための Cプログラミング	佐藤次男・中村理一郎 共著	218	2600円
8.	(7回)	計測工学	前田良昭・木村一郎・押田至啓 共著	220	2700円
9.	(8回)	機械系の工業英語	牧野州秀・生水雅之 共著	210	2500円
10.	(10回)	機械系の電子回路	高橋晴雄・阪部俊也 共著	184	2300円
11.	(9回)	工業熱力学	丸茂榮佑・木本恭司 共著	254	3000円
12.	(11回)	数値計算法	藪忠司・伊藤悖 共著	170	2200円
13.		熱エネルギー・環境保全の工学	井田民男・木崎恭司・山崎友紀 共著		近刊
14.		情報処理入門 ―情報の収集から伝達まで―	松下浩一・今城明夫・宮武義一 共著		近刊
15.		流体の力学	坂田光雄・坂本雅彦 共著		近刊

以 下 続 刊

機 械 力 学	青木 繁 著	工 業 力 学	吉村・米内山 共著
材 料 力 学	中島正貴 著	機 構 学	重松・小川・樫本 共著
材 料 強 度 学	境田・岩谷・中島 共著	伝 熱 工 学	丸茂・矢尾・牧野 共著
流 体 機 械 工 学	佐藤・金澤・浦西・澤村 共著	熱 機 関 工 学	越智・老固 共著
塑 性 加 工 学	小畠耕二 著	ＣＡＤ／ＣＡＭ	望月達也 著
生 産 工 学	下田・櫻井 共著	精 密 加 工 学	田口・明石 共著
ロ ボ ッ ト 工 学	早川恭弘 著	自 動 制 御	阪部俊也 著

定価は本体価格+税です。
定価は変更されることがありますのでご了承下さい。

図書目録進呈◆

メカトロニクス教科書シリーズ

(各巻A5判)

■編集委員長　安田仁彦
■編集委員　　末松良一・妹尾允史・高木章二
　　　　　　　藤本英雄・武藤高義

配本順			頁	本体価格
1.(4回)	メカトロニクスのための**電子回路基礎**	西堀賢司著	264	3200円
2.(3回)	メカトロニクスのための**制御工学**	高木章二著	252	3000円
3.(1回)	**アクチュエータの駆動と制御**	武藤高義著	180	2300円
4.(2回)	**センシング工学**	新美智秀著	180	2200円
5.(7回)	**CADとCAE**	安田仁彦著	202	2700円
6.(5回)	**コンピュータ統合生産システム**	藤本英雄著	228	2800円
8.(6回)	**ロボット工学**	遠山茂樹著	168	2400円
9.(11回)	**画像処理工学**	末松良一・山田宏尚共著	238	3000円
10.(9回)	**超精密加工学**	丸井悦男著	230	3000円
11.(8回)	**計測と信号処理**	鳥居孝夫著	186	2300円
14.(10回)	**動的システム論**	鈴木正之他著	208	2700円
16.(12回)	メカトロニクスのための**電磁気学入門**	高橋裕著	232	2800円

以下続刊

7. **材料デバイス工学** 妹尾・伊藤共著
12. **人工知能工学** 古橋・鈴木共著
13. **光工学** 羽根一博著
15. メカトロニクスのための**トライボロジー入門** 田中・川久保共著

定価は本体価格+税です。
定価は変更されることがありますのでご了承下さい。

図書目録進呈◆

大学講義シリーズ

(各巻A5判，欠番は品切です)

配本順			頁	本体価格
（2回）	通信網・交換工学	雁部頴一著	274	3000円
（3回）	伝送回路	古賀利郎著	216	2500円
（4回）	基礎システム理論	古田・佐野共著	206	2500円
（6回）	電力系統工学	関根泰次他著	230	2300円
（7回）	音響振動工学	西山静男他著	270	2600円
（8回）	改訂 集積回路工学（1）—プロセス・デバイス技術編—	柳井・永田共著	252	2900円
（9回）	改訂 集積回路工学（2）—回路技術編—	柳井・永田共著	266	2700円
（10回）	基礎電子物性工学	川辺和夫他著	264	2500円
（11回）	電磁気学	岡本允夫著	384	3800円
（12回）	高電圧工学	升谷・中田共著	192	2200円
（14回）	電波伝送工学	安達・米山共著	304	3200円
（15回）	数値解析（1）	有本卓著	234	2800円
（16回）	電子工学概論	奥田孝美著	224	2700円
（17回）	基礎電気回路（1）	羽鳥孝三著	216	2500円
（18回）	電力伝送工学	木下仁志他著	318	3400円
（19回）	基礎電気回路（2）	羽鳥孝三著	292	3000円
（20回）	基礎電子回路	原田耕介他著	260	2700円
（21回）	計算機ソフトウェア	手塚・海尻共著	198	2400円
（22回）	原子工学概論	都甲・岡共著	168	2200円
（23回）	基礎ディジタル制御	美多勉他著	216	2400円
（24回）	新電磁気計測	大照完他著	210	2500円
（25回）	基礎電子計算機	鈴木久喜他著	260	2700円
（26回）	電子デバイス工学	藤井忠邦著	274	3200円
（27回）	マイクロ波・光工学	宮内一洋他著	228	2500円
（28回）	半導体デバイス工学	石原宏著	264	2800円
（29回）	量子力学概論	権藤靖夫著	164	2000円
（30回）	光・量子エレクトロニクス	藤岡・小原 齊藤・高 共著	180	2200円
（31回）	ディジタル回路	高橋寛他著	178	2300円
（32回）	改訂 回路理論（1）	石井順也著	200	2500円
（33回）	改訂 回路理論（2）	石井順也著	210	2700円
（34回）	制御工学	森泰親著	234	2800円

以下続刊

電気機器学	中西・正田・村上共著	電力発生工学	上之園親佐著
電気物性工学	長谷川英機著	電気・電子材料	家田・水谷共著
通信方式論	森永・小牧共著	情報システム理論	長谷川・高橋・笠原共著
数値解析（2）	有本卓著	現代システム理論	神山真一著

定価は本体価格＋税です。
定価は変更されることがありますのでご了承下さい。

◆図書目録進呈◆

電子情報通信学会 大学シリーズ

(各巻A5判)

■(社)電子情報通信学会編

配本順				頁	本体価格
A-1	(40回)	応用代数	伊藤理重正夫悟 共著	242	3000円
A-2	(38回)	応用解析	堀内和夫 著	340	4100円
A-3	(10回)	応用ベクトル解析	宮崎保光 著	234	2900円
A-4	(5回)	数値計算法	戸川隼人 著	196	2400円
A-5	(33回)	情報数学	廣瀬健 著	254	2900円
A-6	(7回)	応用確率論	砂原善文 著	220	2500円
B-1	(57回)	改訂 電磁理論	熊谷信昭 著	340	4100円
B-2	(46回)	改訂 電磁気計測	菅野允 著	232	2800円
B-3	(56回)	電子計測(改訂版)	都築泰雄 著	214	2600円
C-1	(34回)	回路基礎論	岸源也 著	290	3300円
C-2	(6回)	回路の応答	武部幹 著	220	2700円
C-3	(11回)	回路の合成	古賀利郎 著	220	2700円
C-4	(41回)	基礎アナログ電子回路	平野浩太郎 著	236	2900円
C-5	(51回)	アナログ集積電子回路	柳沢健 著	224	2700円
C-6	(42回)	パルス回路	内山明彦 著	186	2300円
D-2	(26回)	固体電子工学	佐々木昭夫 著	238	2900円
D-3	(1回)	電子物性	大坂之雄 著	180	2100円
D-4	(23回)	物質の構造	高橋清 著	238	2900円
D-6	(13回)	電子材料・部品と計測	川端昭 著	248	3000円
D-7	(21回)	電子デバイスプロセス	西永頌 著	202	2500円
E-1	(18回)	半導体デバイス	古川静二郎 著	248	3000円
E-2	(27回)	電子管・超高周波デバイス	柴田幸男 著	234	2900円
E-3	(48回)	センサデバイス	浜川圭弘 著	200	2400円
E-4	(36回)	光デバイス	末松安晴 著	202	2500円
E-5	(53回)	半導体集積回路	菅野卓雄 著	164	2000円
F-1	(50回)	通信工学通論	畔柳功芳塩谷光 共著	280	3400円
F-2	(20回)	伝送回路	辻井重男 著	186	2300円
F-4	(30回)	通信方式	平松啓二 著	248	3000円

記号	(回)	書名	著者	頁	価格
F-5	(12回)	通信伝送工学	丸林　元著	232	2800円
F-7	(8回)	通信網工学	秋山　稔著	252	3100円
F-8	(24回)	電磁波工学	安達三郎著	206	2500円
F-9	(37回)	マイクロ波・ミリ波工学	内藤喜之著	218	2700円
F-10	(17回)	光エレクトロニクス	大越孝敬著	238	2900円
F-11	(32回)	応用電波工学	池上文夫著	218	2700円
F-12	(19回)	音響工学	城戸健一著	196	2400円
G-1	(4回)	情報理論	磯道義典著	184	2300円
G-2	(35回)	スイッチング回路理論	当麻喜弘著	208	2500円
G-3	(16回)	ディジタル回路	斉藤忠夫著	218	2700円
G-4	(54回)	データ構造とアルゴリズム	斎藤信男・西原清一共著	232	2800円
H-1	(14回)	プログラミング	有田五次郎著	234	2100円
H-2	(39回)	情報処理と電子計算機 (「情報処理通論」改題新版)	有澤　誠著	178	2200円
H-3	(47回)	電子計算機 I —基礎編—	相磯秀夫・松下　温共著	184	2300円
H-4	(55回)	改訂 電子計算機 II —構成と制御—	飯塚　肇著	258	3100円
H-5	(31回)	計算機方式	高橋義造著	234	2900円
H-7	(28回)	オペレーティングシステム論	池田克夫著	206	2500円
I-3	(49回)	シミュレーション	中西俊男著	216	2600円
I-4	(22回)	パターン情報処理	長尾　真著	200	2400円
J-1	(52回)	電気エネルギー工学	鬼頭幸生著	312	3800円
J-3	(3回)	信頼性工学	菅野文友著	200	2400円
J-4	(29回)	生体工学	斎藤正男著	244	3000円
J-5	(45回)	改訂 画像工学	長谷川　伸著	232	2800円

以下続刊

C-7	制御理論		D-1	量子力学
D-5	光・電磁物性		F-3	信号理論
F-6	交換工学		G-5	形式言語とオートマトン
G-6	計算とアルゴリズム		I-1	ファイルとデータベース
I-2	データ通信		J-2	電気機器通論

定価は本体価格+税です。
定価は変更されることがありますのでご了承下さい。

図書目録進呈◆

新コロナシリーズ

(各巻B6判)

			頁	本体価格
1.	ハイパフォーマンスガラス	山根正之著	176	1165円
2.	ギャンブルの数学	木下栄蔵著	174	1165円
3.	音戯話	山下充康著	122	1000円
4.	ケーブルの中の雷	速水敏幸著	180	1165円
5.	自然の中の電気と磁気	高木相著	172	1165円
6.	おもしろセンサ	國岡昭夫著	116	1000円
7.	コロナ現象	室岡義廣著	180	1165円
8.	コンピュータ犯罪のからくり	菅野文友著	144	1165円
9.	雷の科学	饗庭貢著	168	1200円
10.	切手で見るテレコミュニケーション史	山田康二著	166	1165円
11.	エントロピーの科学	細野敏夫著	188	1200円
12.	計測の進歩とハイテク	高田誠二著	162	1165円
13.	電波で巡る国ぐに	久保田博南著	134	1000円
14.	膜とは何か ―いろいろな膜のはたらき―	大矢晴彦著	140	1000円
15.	安全の目盛	平野敏右編	140	1165円
16.	やわらかな機械	木下源一郎著	186	1165円
17.	切手で見る輸血と献血	河瀬正晴著	170	1165円
18.	もの作り不思議百科 ―注射針からアルミ箔まで―	JSTP編	176	1200円
19.	温度とは何か ―測定の基準と問題点―	櫻井弘久著	128	1000円
20.	世界を聴こう ―短波放送の楽しみ方―	赤林隆仁著	128	1000円
21.	宇宙からの交響楽 ―超高層プラズマ波動―	早川正士著	174	1165円
22.	やさしく語る放射線	菅野・関 共著	140	1165円
23.	おもしろ力学 ―ビー玉遊びから地球脱出まで―	橋本英文著	164	1200円
24.	絵に秘める暗号の科学	松井甲子雄著	138	1165円
25.	脳波と夢	石山陽事著	148	1165円
26.	情報化社会と映像	樋渡涓二著	152	1165円

27.	ヒューマンインタフェースと画像処理	鳥脇 純一郎著	180	1165円
28.	叩いて超音波で見る ―非線形効果を利用した計測―	佐藤 拓宋著	110	1000円
29.	香りをたずねて	廣瀬 清一著	158	1200円
30.	新しい植物をつくる ―植物バイオテクノロジーの世界―	山川 祥秀著	152	1165円
31.	磁石の世界	加藤 哲男著	164	1200円
32.	体を測る	木村 雄治著	134	1165円
33.	洗剤と洗浄の科学	中西 茂子著	208	1400円
34.	電気の不思議 ―エレクトロニクスへの招待―	仙石 正和編著	178	1200円
35.	試作への挑戦	石田 正明著	142	1165円
36.	地球環境科学 ―滅びゆくわれらの母体―	今木 清康著	186	1165円
37.	ニューエイジサイエンス入門 ―テレパシー, 透視, 予知などの超自然現象へのアプローチ―	窪田 啓次郎著	152	1165円
38.	科学技術の発展と人のこころ	中村 孔治著	172	1165円
39.	体を治す	木村 雄治著	158	1200円
40.	夢を追う技術者・技術士	CEネットワーク編	170	1200円
41.	冬季雷の科学	道本 光一郎著	130	1000円
42.	ほんとに動くおもちゃの工作	加藤 孜著	156	1200円
43.	磁石と生き物 ―からだを磁石で診断・治療する―	保坂 栄弘著	160	1200円
44.	音の生態学 ―音と人間のかかわり―	岩宮 眞一郎著	156	1200円
45.	リサイクル社会とシンプルライフ	阿部 絢子著	160	1200円
46.	廃棄物とのつきあい方	鹿園 直建著	156	1200円
47.	電波の宇宙	前田 耕一郎著	160	1200円
48.	住まいと環境の照明デザイン	饗庭 貢著		近刊

定価は本体価格+税です。
定価は変更されることがありますのでご了承下さい。

図書目録進呈◆

コンピュータ制御機械システムシリーズ

(各巻A5判，欠番は品切です)

■編集委員長　増淵正美
■編集委員　　大川善邦・須田信英・三浦宏文・三巻達夫

配本順　　　　　　　　　　　　　　　　　　　　　　　頁　本体価格

1. (8回)　AI技術によるシステム設計論　　　赤木新介著　　250　3200円

2. (7回)　システムダイナミクス　　　　　　須田信英著　　290　3400円

3. (4回)　システムの最適理論と最適化　　　嘉納秀明著　　314　4200円

4. (6回)　システム制御　　　　　　　　　　増淵正美著　　304　3500円

6. (1回)　サーボアクチュエータとその制御　岡田養二　　　230　2900円
　　　　　　　　　　　　　　　　　　　　　長坂長彦共著

7. (5回)　ディジタル回路　　　　　　　　　大川善邦著　　236　2500円

8. (3回)　制御用計算機における　　　　　　三巻達夫　　　280　3500円
　　　　　リアルタイム技術　　　　　　　　桑原洋編著

9. (11回)　システムのモデリングと　　　　　増淵正美　　　304　4000円
　　　　　非線形制御　　　　　　　　　　　川田誠一共著

10. (9回)　ロボット制御基礎論　　　　　　　吉川恒夫著　　252　3000円

11. (10回)　機械系のコンピュータ　　　　　　植西晃編著　　268　3300円
　　　　　シミュレーション

定価は本体価格+税です。
定価は変更されることがありますのでご了承下さい。

図書目録進呈◆